# 圖解 量身打造的住宅設計

以身體為量尺，設計出最人性化的機能型住宅

中山繁信
傳田剛史
片岡菜苗子 共著

蘇文淑 譯

積木文化

# 前言

學習建築的年輕人，一定都希望將來有一天能自己設計案子。不管是住家也好、大美術館也罷，基本上都是「容納人的容器」，所以我們設計時基本上一定要以身體為本。如果房間太小或太窄，既不能走也不能用吧？反過來，如果空間大而無當，時常也會造成經濟與能源上的負擔。

適合我們身體尺度的空間——也就是所謂「人性化尺度的空間」，是指滿足了機能性的同時，也令人舒適的場域，所以我們必須正確了解什麼是合適的尺度、尺寸，才能設計出符合人性化尺度的建築。

與其死背一大堆物品與空間的大小，不如把自己的身體當成一把尺，拿來衡量身邊物品與空間的大小，藉以培養建築設計上不可或缺的尺度直覺，這也是我們寫作本書的期望所在。

**中山繁信**

圖解

# 量身打造的住宅設計

以身體為量尺，設計出最人性化的機能型住宅

CONTENTS

## 01 什麼是身體尺？

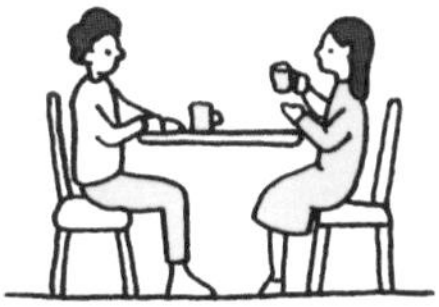



## 你熟悉自己的身體尺嗎？



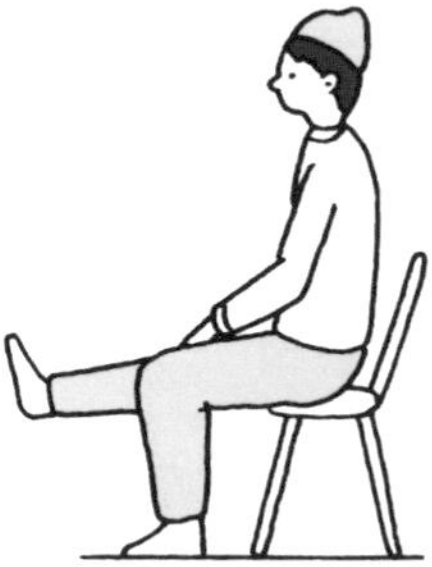

## 03 和室是尺度認知之始!?

## 04 利用空間片語來設計住宅

# 01

# 什麼是身體尺？

# 代替尺規的「身體尺」❶指與寸

## 指與寸

人類從四足行走進化為兩足行走之後，空出的雙手可以騰出來做其他事情。原始時代的人開始使用弓箭與長矛等工具狩獵，也能夠製作器物。

人把身上所有部位都用來測量——手、腳、手肘的長度、雙手打開時的寬度等等，幾乎可以說人的身體就是一把「尺」，用來代替測量工具，測量身旁物品的大小與距離。

我們身體上的微小測量單位裡，其中一樣是「手指」。大拇指的寬度或食指彎起時第二節的長度，被稱為「寸」（※有各種說法），也就是西方稱為「英寸」的單位。

「寸」是常被用來測量建築與身邊物品的單位，在家庭裡，也會用以表示手腕寬度或麻糬大小。

日本民間傳說裡的「一寸法師」，身高只有一寸。如今日本已經廢除傳統的尺貫法，改用公制，可是一寸法師還是一寸，沒人改口說「三公分法師」呢！

### 手指的身體尺

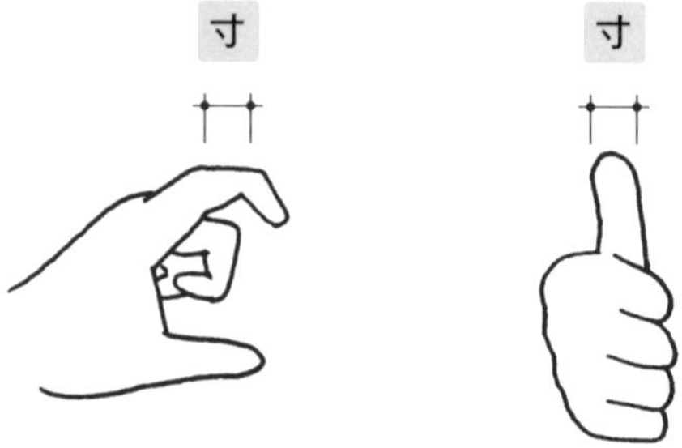


一寸＝30.3mm＝約3cm
大拇指的寬度稱為「寸」（西方稱為英寸）
彎曲食指時，第二節的長度也有人稱為「寸」。

日本的飲食習慣跟西方不同，日本人習慣拿著餐具吃飯，所以日本的碗從飯碗到湯碗，統統做成適合用一隻手捧起的大小。

根據工業設計師秋岡芳夫《基於生活的設計》（《暮しのためのデザイン》）一書，把日本全國各地的湯碗搜集起來測量後，發現所有碗的直徑統統都是四寸，沒有大於四寸的，我們人的兩手大拇指與食指圈成一個圓時的直徑，大約就是四寸，剛好就跟湯碗一樣，所以湯碗的尺寸應該是配合人體、配合手部做出來的。

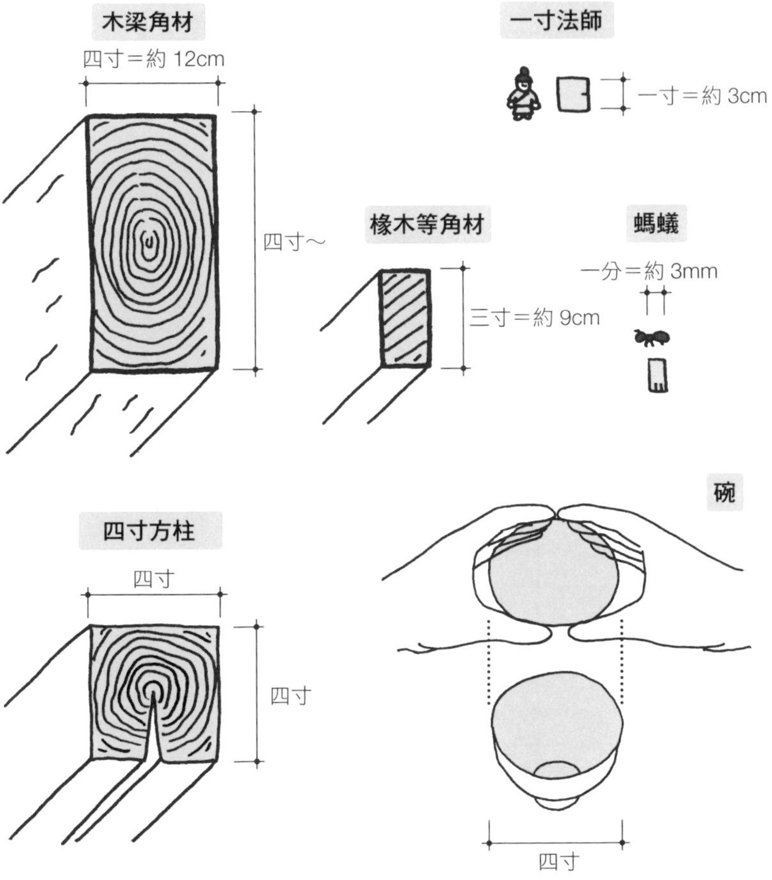

# 代替尺規的「身體尺」

## ❷ 手與扠

大拇指與食指（或中指）打開時的寬度，叫做「扠」（あた）。每個人手部大小不一樣，有些人比較大，小孩子的比較小，不過大體上來說，「一扠」等於五寸，剛好是木造住宅的牆壁或鋼筋混凝土的主結構牆的厚度。還有，測量建築圖說等尺寸時日文會用「寸法をあたる」（測寸法，譯註：即測量尺寸）。其中的「あたる」（測）被認為就是來自於手部的「あた」（扠），也就是以

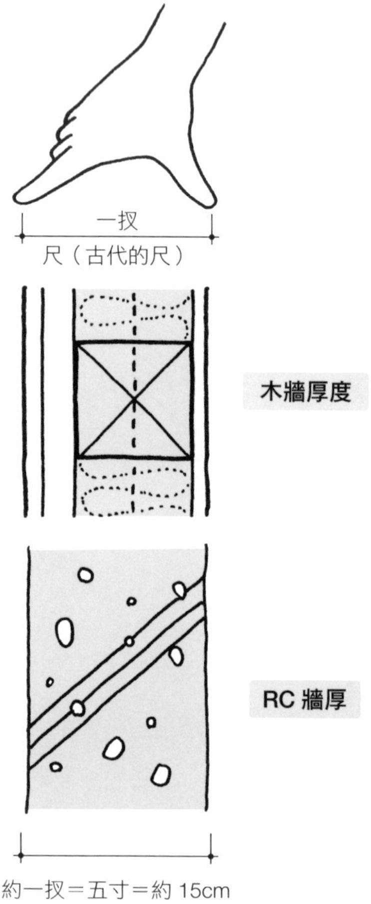

手的大小為基準。

還有一樣建築材料也是以手部大小為基準，就是磚塊，單手就能拿起。

磚塊的大小被模組化為「6×10×21公分」，這是工地師傅單手拿起磚塊時，最為便捷的尺寸。磚塊是一塊塊由下往上疊，所以大小適中、單手就能快速拿起的尺寸最為方便。據說從古美索不達米亞文明時期便使用至今的土磚，也差不多就是這個尺寸，所以可以推論出人們自古以來便懂得配合手掌大小決定磚塊尺寸，以便堆疊。

適合單手拿起的磚塊大小

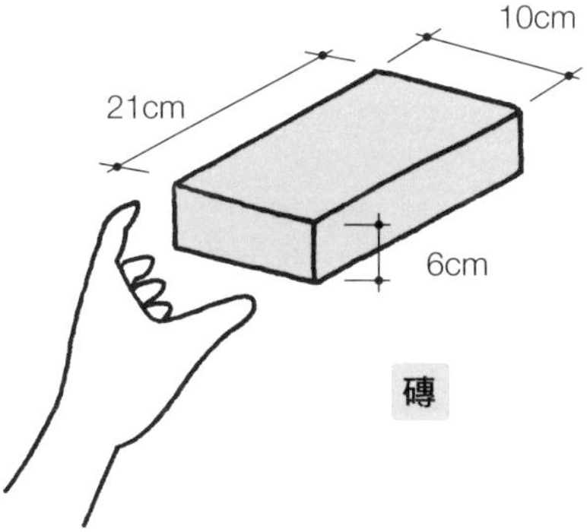


## 長一扠半的筷子最好用

每天吃飯時用的筷子，也可以用自己的手掌當基準，挑選適合自己的筷長。

大拇指與食指打開時的寬度是「一扠」，而據說最好用的筷子長度，是這個一扠的一・五倍，一・五扠。所以選筷子時，身體尺也可以當成參考比例呢。

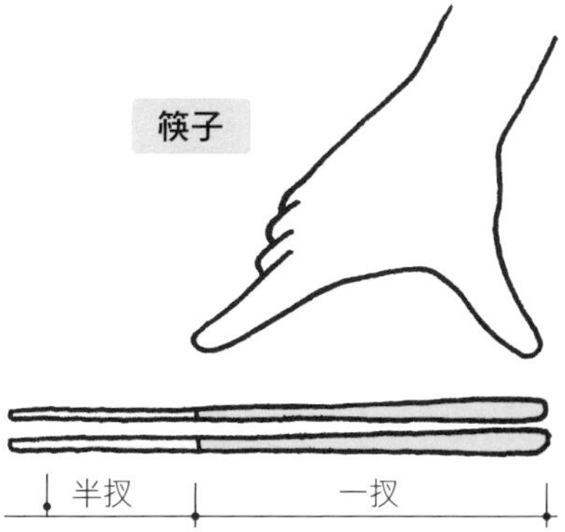


一扠半的筷子最好用

# 代替尺規的「身體尺」

## ❸曲尺、角尺、規矩術

### 曲尺與角尺

「曲尺」在日文中讀作「かねじゃく／Kanejaku」，這個詞有兩個意思。一是代表從日本中世時期便用來當成「長度」的一種標準尺度，一尺等於現在的10／33公尺。一尺是「從手肘到手腕的長度」（※一尺多長會隨時代定義而變）。

另一個意思，則是被當成「工具」的角尺（さしがね）。這個工具的日文漢字「差金」來自於它是金屬做的，由一長一短的兩個部分組合成直角，上頭有刻度。直角又叫做「矩」，所以在日本測量牆壁與柱子是否垂直時，會說「矩をみる／kane-o-miru」。

這種尺規一開始源於日本古代一種叫做「曲金」（まがりがね）的工具，可以用來測量長度，所以又稱為「曲尺」，正面以一寸為刻度單位，背面則以一・四一寸（$\sqrt{2}$）為刻度單位。由於它既可以當成量尺又可以畫線段，後來日本人便把「物差」（ものさし，尺）與「曲金」這兩個字合併為「差金」。

**曲尺、角尺**

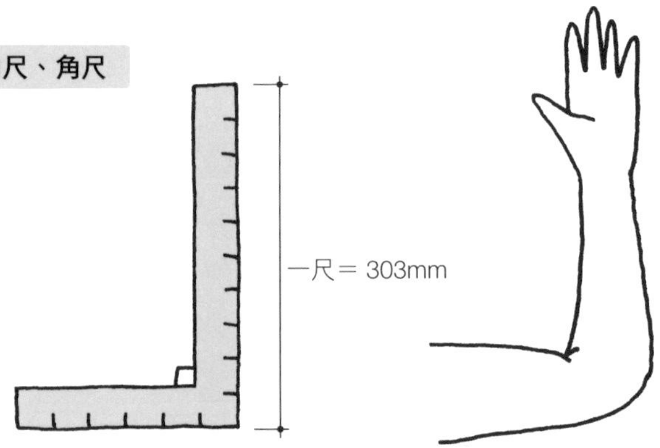


現今一尺＝303mm（與曲尺的一尺等長）
差不多就是從手肘到手腕的長度。

「規矩」這個字來自「規矩準繩」。「規」（意味「圓」）用來分割長度，「矩」用來畫出直角（曲尺），「準」用來校正水平，「繩」用來校正鉛直、垂直。

規矩準繩在建築方面應用得非常廣泛，從寺院、神社這些木造建築的「木割法」這種寸法體制，到俗稱為「錛鋤」等工具、上梁儀式等習俗行事，所以這個詞也被帶上了行事規範與起始的含意。

用曲尺、矩尺來計算施工時需要知道的尺寸、形狀、屋頂斜度等等的技術，便是規矩術。從大拇指的第一個節骨骼到第三節骨骼、食指第一節骨骼到第四節骨骼跟兩指指尖的兩點連接起來，便是「3、4、5」的長度關係，也就是畢氏定理（譯註：直角三角形兩條直角的鄰邊長度平方和，等於斜邊長度平方）。大家認為，自古以來工匠便具有這種長度觀念。

**規矩術是計算直角與斜度的計算法**

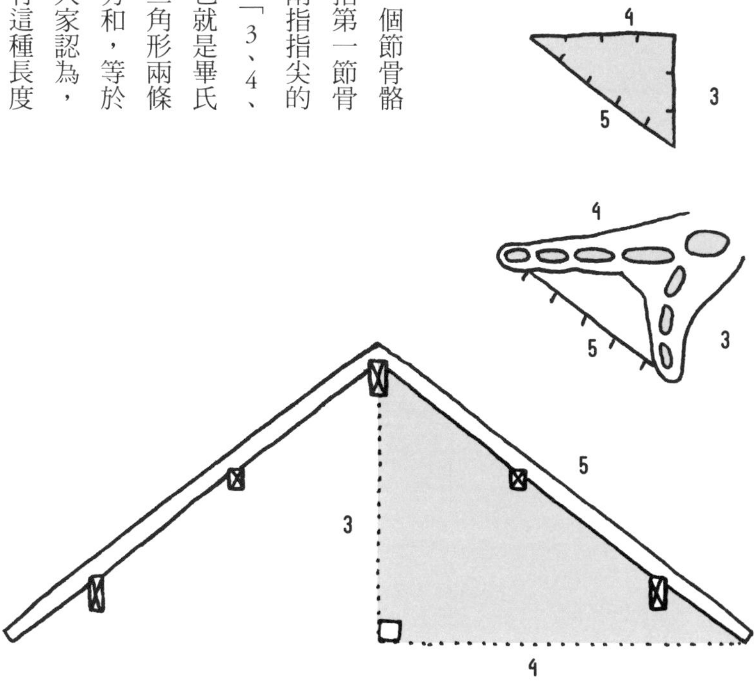

# 代替尺規的「身體尺」

## ❹腳與身體

「步」發源於中國，原本是計算面積的單位。現在的一「步」，代表一個步伐左右的長度。日本人的步幅大約是兩尺，走得大步一點的話大約是兩尺五寸，西方人的步幅據說差不多是一碼＝三英尺，大約是九十公分，可見得不同腿長足以造成二十～三十公分的步幅差異。

只要知道自己的步幅與腳掌長度，就算沒帶尺，也能簡單測量出建築物長度或地磚大小等等，非常方便唷。

### 步幅與距離

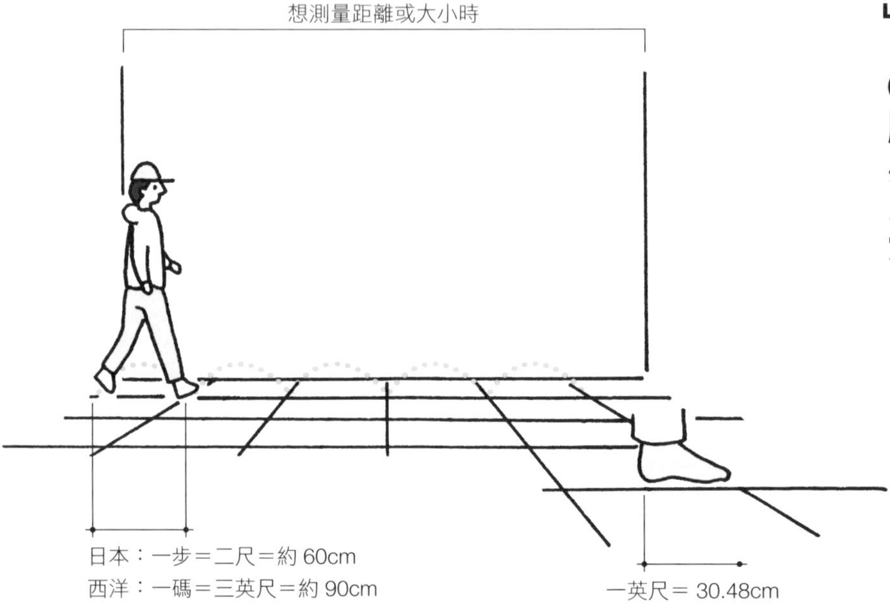


日本人的步幅一般大約為二尺（60cm），走得大步一點約為二尺五寸（75cm）。
西方的一碼（yard）為三英尺＝ 90 公分左右（一英尺＝ 30.48cm）。
身高或者把手舉高的高度、步幅、手腳大小等等都可以當成尺用，拿來測量長度與距離。

## 從尺貫法到公制

古時候有許多各式各樣的尺規傳來日本，譬如從中國傳來了唐尺、從朝鮮半島傳來高麗尺等等。七世紀初期，大寶律令規定以唐尺為標準，從此開啟日本的度量衡制度。

尺貫法是日本自古以來的一種度量衡，長度單位有「間」、「尺」、「寸」、「分」，重量單位有「貫」、「匁」（譯註：一錢），體積單位有「升」，這些在江戶時代也為人使用的尺貫法單位，一直到昭和三十四年才被改成公制。

現在日本的《計量法》規定採用公制，所以建築圖說上標示的全部都是公制，可是到了建築現場的話，很多工班師傅還是照舊講「一寸五分」、「三尺」這些尺貫法講法，可見「寸」、「尺」、「間」這些以人體為基準發展出來的單位，已經被師傅們牢牢記在身體上了。

### 身體與長度

把尺貫法換算成公制就變成下圖這樣。另外有一些不是尺貫法，但也是用身體部位的長度來代表尺寸的身體尺，譬如「丈」（つえ）、「扆」（ひろ）、「扠」（あた）」、「文」（もん）等。「丈」代表身高、「扆」表示雙手打開的寬度、「扠」代表大拇指與食指打開時的寬度、「文」則代表腳的大小。

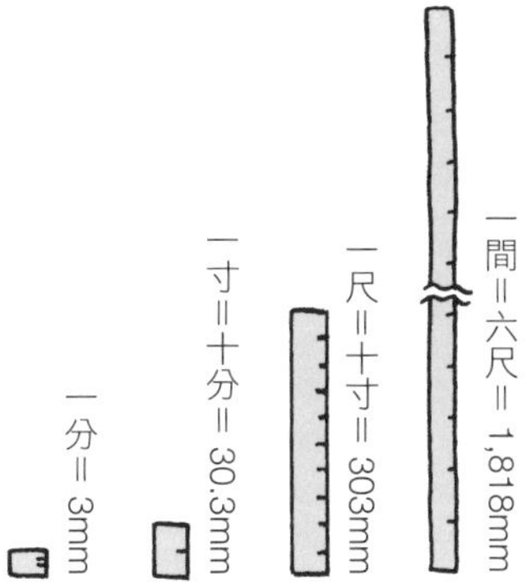

一間＝六尺＝ 1,818mm
用以表示柱間距的基本寸法

# 身體寬度與走道、路寬的關係

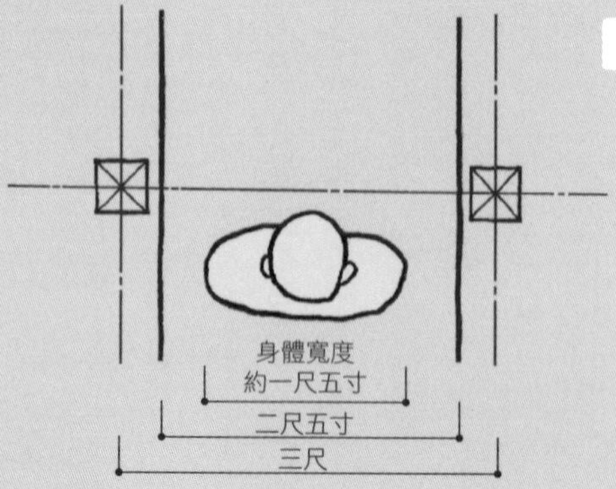


一人獨行

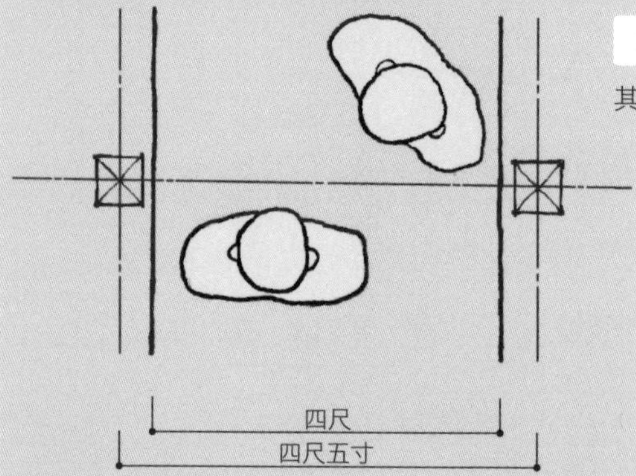


二人擦身而過

其中一人側身通過

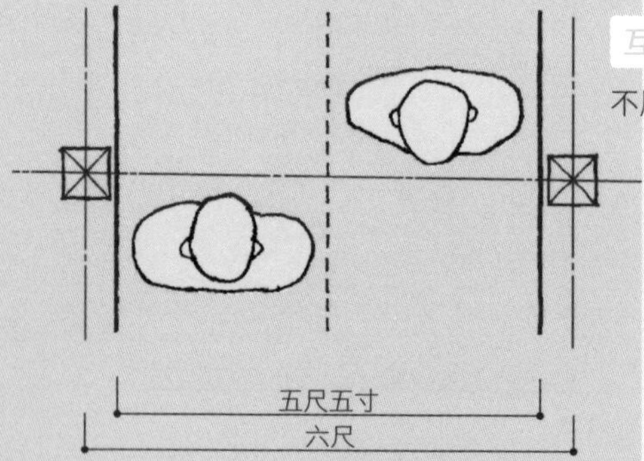


互不碰觸，擦身而過

不用閃避

走道或道路的寬度，會依行人通過時的情況而有所不同，譬如說是「一個人經過」、「兩人擦身而過」或是「必須閃避物品而過」。以一個人經過的情況來說，即使考慮到男性的肩寬，通常路寬一尺三寸（約40公分）就已經夠了，再加入雙手擺動的空間，一條通道通常寬兩尺～兩尺五寸（約60～75公分）便足以讓行經的人輕鬆通行。

於是人們便以這些尺寸的倍數，來當成造路時的路寬依據。江戶時代，生活道路的寬度為一間～一間半（約1.8～2.7公尺），可見得當時的人是以步行尺度來當成路寬基準。

有時候我們在外頭散步時會經過一些尺度感覺非常舒服的巷道，那些巷道是以人體的尺度為基準，現在建築基準法則規定道路基本上要寬四公尺以上，是以車子可以通行的尺度為憑據。

人們行走的道路寬度

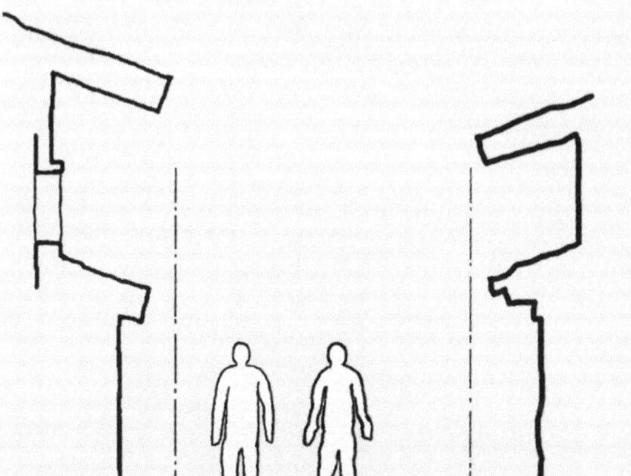

# 代替尺規的「身體尺」

## ⑤ 疊、帖、坪

### 疊與帖

承接住宅設計之類的案件時，有時候跟客戶開會說明「臥室面積是多少平方公尺」時，客戶會問「那大概是多少疊（榻榻米）？」由於日本人對一張榻榻米多大很有概念，所以跟他們說等於幾張榻榻米，他們就會自動轉換，於是對空間大小產生了概念。對於日本人來說，「榻榻米」是培養出空間尺度感的一種存在。

　榻榻米的尺寸基本上分成了「京間」與「江戶間」，京間的長度是六尺三寸，江戶間是五尺八寸，兩者差了五寸（約15公分）。會造成這種差異，是因為蓋房子的時候到底是先決定好榻榻米的大小，再去調整空間尺寸（畳割り），或是先決定好柱間距的寬度，再去調整榻榻米的大小（柱割り）。後來每個地方的人又各自發展，榻榻米的尺寸便愈來愈不同了。據說江戶時代的人搬家時會把榻榻米堆在推車上，帶著一起搬到新家，這也造成了榻榻米的規格化。

　本來榻榻米並不是像現在

**疊**

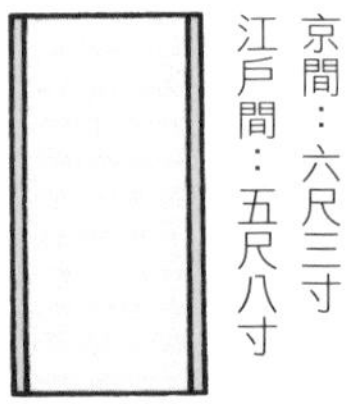


京間：三尺一寸五分
江戶間：二尺九寸

**疊・帖**

三尺＝909mm

一帖≒1.65㎡
（三尺×六尺）

**坪**

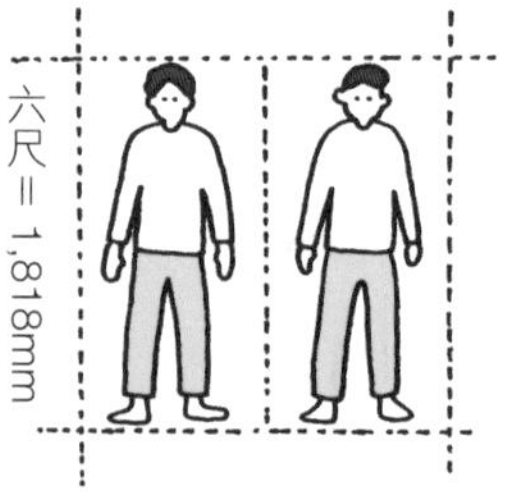


六尺＝1,818mm

一坪≒3.3058㎡
（六尺×六尺）

這樣鋪在地板上，當成地板鋪墊。平安時代的人起初是把榻榻米當成貴族的家居擺設或寢具，鋪在寢殿造的宮廷地板上，睡在上頭，當成臥鋪來使用，有點類似我們今天的「床」，是一種家具。因此跟今天的規格尺寸並不一樣。

「坪」也被認為是由人體尺度發展出來的面積單位。最早來自於中國的「步」，是六尺平方，「步」則起源於二步四方（譯註：以兩步為邊長的四方形）。之後，「步」被改稱為「坪」，當成面積單位，現今一坪約為3.3平方公尺。

### 坐半疊、躺一疊

有句話說「坐半疊、躺一疊」，如實表達出了人體所需的最小空間。坐下來的時候，橫向需要半疊（三尺 × 三尺），躺下時則需要一疊（三尺 × 六尺）。縱向則以一個身高（六尺）與半個身高（三尺）為基準。

### 六疊大小

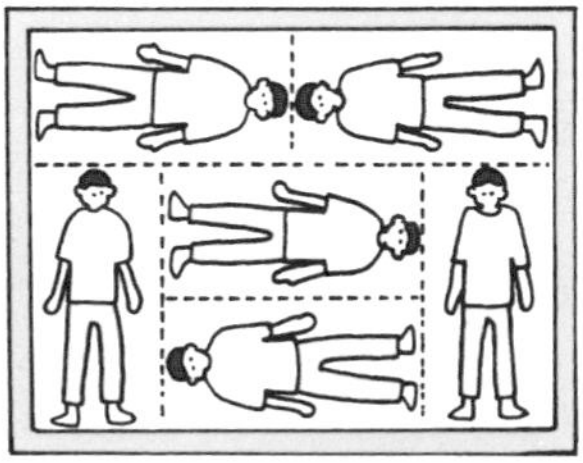

六疊大的空間可以讓六個人輕鬆躺下。

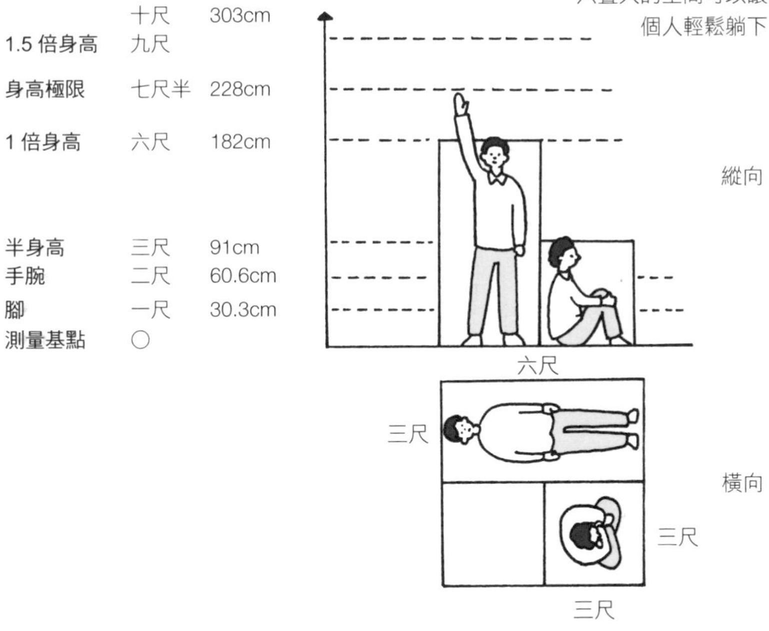

| | | |
|---|---|---|
| | 十尺 | 303cm |
| 1.5 倍身高 | 九尺 | |
| 身高極限 | 七尺半 | 228cm |
| 1 倍身高 | 六尺 | 182cm |
| 半身高 | 三尺 | 91cm |
| 手腕 | 二尺 | 60.6cm |
| 腳 | 一尺 | 30.3cm |
| 測量基點 | ○ | |

Column

# 收納高度與人體尺寸的概略值

收納高度會因為身高與年齡的差異而有所不同，在此依伸手可及的範圍以及使用頻率分成了「上段、中段、下段」等三種收納區隔，並因應不同高度的門扇開闔方式製成了一覽表。

這張圖表顯示了以身高（H）為基準的人體各部位比例關係的尺寸概略值。由這張圖中，可以簡易算出視線高度、肩膀高度、拿取物品時的動作與高度關係、椅子或桌子高度的概算值。

在收納空間的深度上，習慣打地鋪的人，每天要把棉被折成三折放入衣櫃中，所以衣櫃的深度至少要有三尺（約90公分）才夠。但如果只是放夾克之類的衣物，這樣的衣櫃只要有二尺（60公分）就足夠。

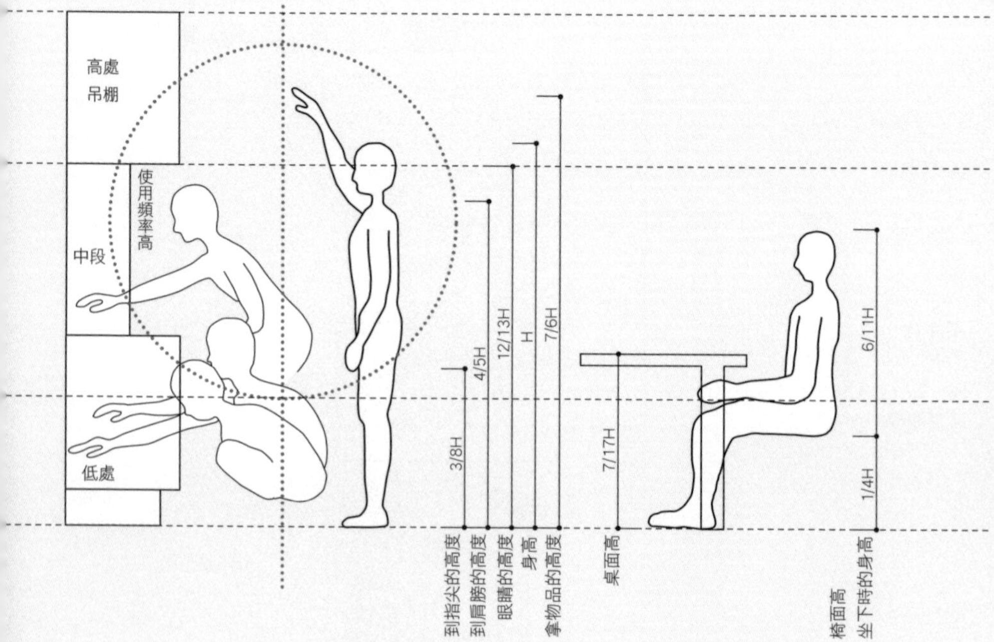

實際設計建築或描繪圖面時，有時還要加入縫隙之類的空間，或依照身體機能來設定尺寸，設計的到底是住宅、辦公室或店鋪也是會因為不同的用途而產生不同的尺寸需求，但基本上，這張圖表可以當成一個簡易參考。

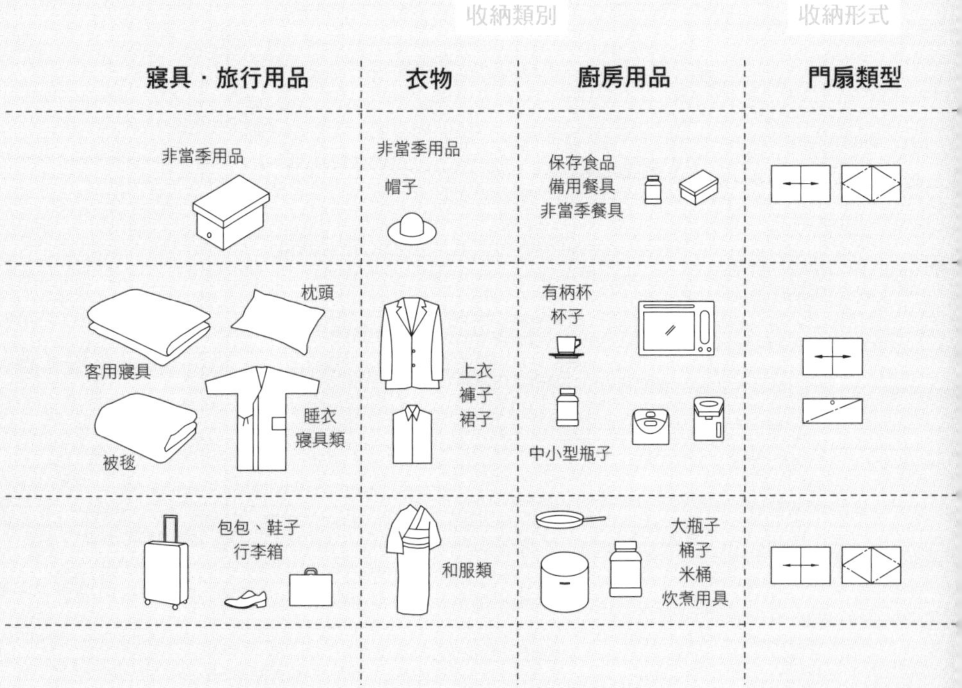

# 了解與複習身體尺

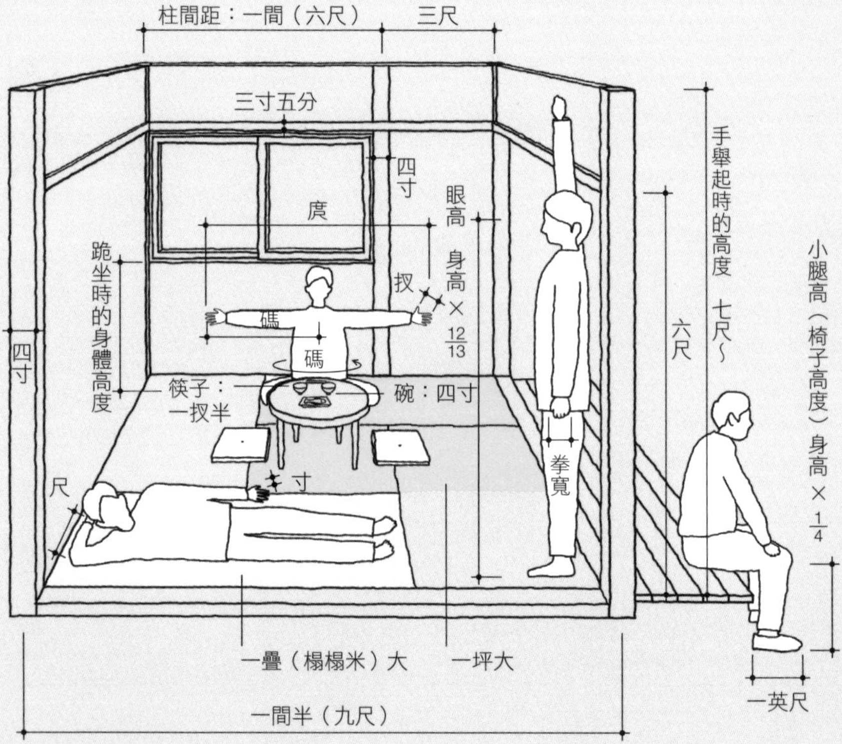

柱間距：一間（六尺）
三尺
三寸五分
四寸
庹
眼高
身高×12/13
扠
碼
碼
跪坐時的身體高度
四寸
筷子：一扠半
碗：四寸
寸
尺
拳寬
手舉起時的高度　七尺～
六尺
小腿高（椅子高度）身高×1/4
一疊（榻榻米）大
一坪大
一間半（九尺）
一英尺

# 02

# 你熟悉自己的身體尺嗎？

# 測量自己的身體尺寸

就像在第一章之中讀到的，我們身旁的物品、家具還有住家等等建築物，都是以人體的尺寸發展而成，所以當我們要設計讓人使用的家具、居住的建築時，當然要知道人體的尺度與動作。

每個人的身高與體格都不一樣，讓我們先來了解自己的身體與各部位的尺寸吧。把你自己當成研究對象，把自己的尺寸寫下來。

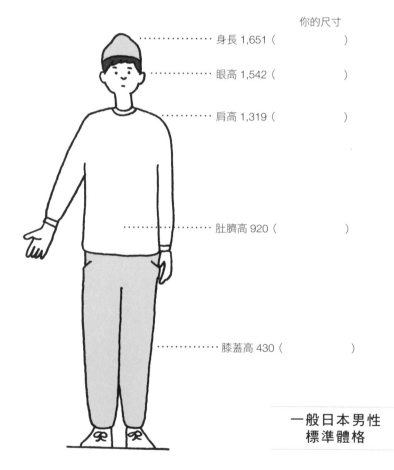

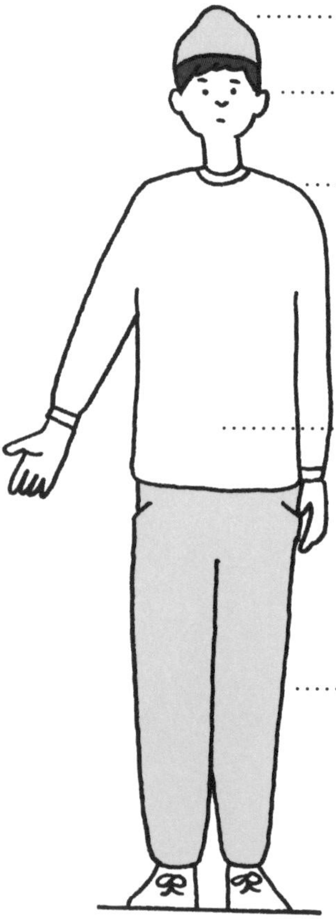


一般日本男性
標準體格

## 了解自己的身體尺寸

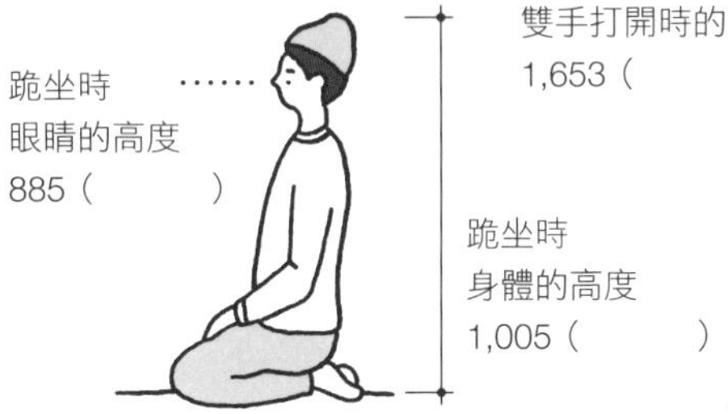


跪坐姿勢

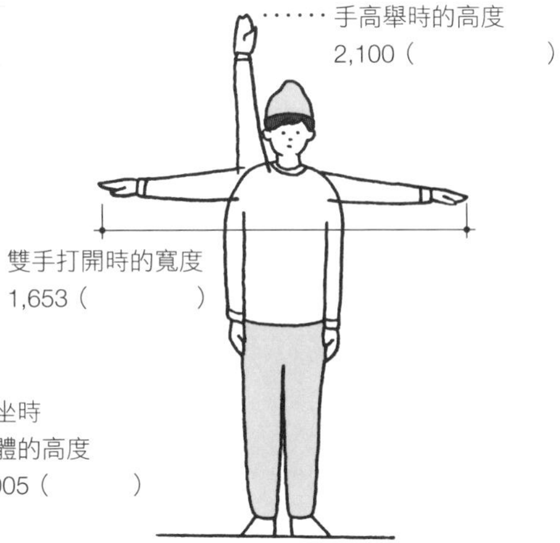


站姿

手往前伸的姿勢

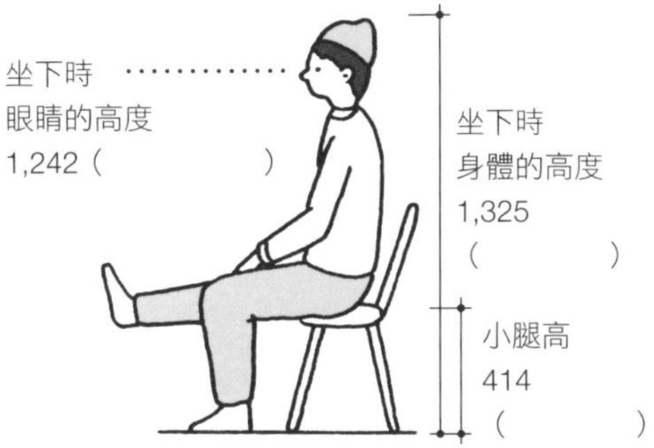


坐姿

※ 以上數字為一般尺寸，請在（ ）內寫下你自己的尺寸。

# 02 全身都可以當成「尺」喔

腳的大小、手臂長度、大拇指與食指打開時的寬度等等，這些尺寸都被冠上了各種稱呼，當成「簡單的量尺」。

記住一般的平均標準尺寸當然很重要，可是還是讓我們先來測量一下我們自己身體的尺寸，並且記下來。大家應該都知道自己腳掌的大小，因為買鞋時要知道尺寸，另外像是手打開時的大小或是拳頭寬度等等，如果知道這些尺寸，便可以概算出許多物品的尺寸，會很方便唷。

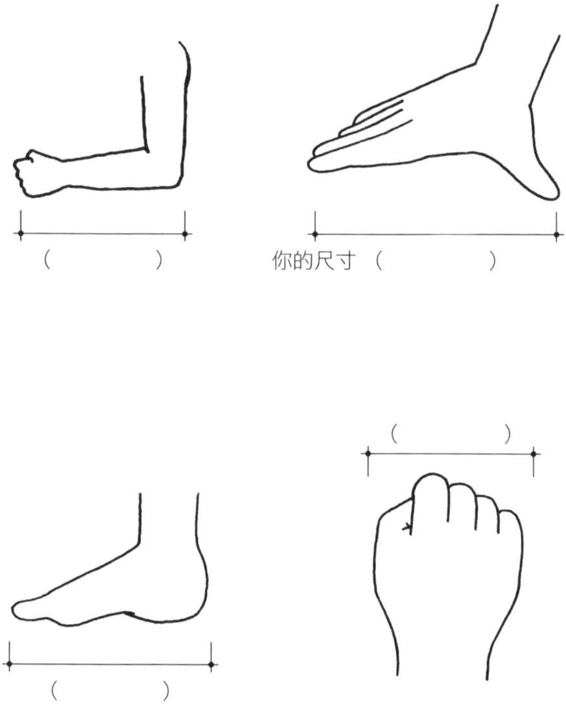

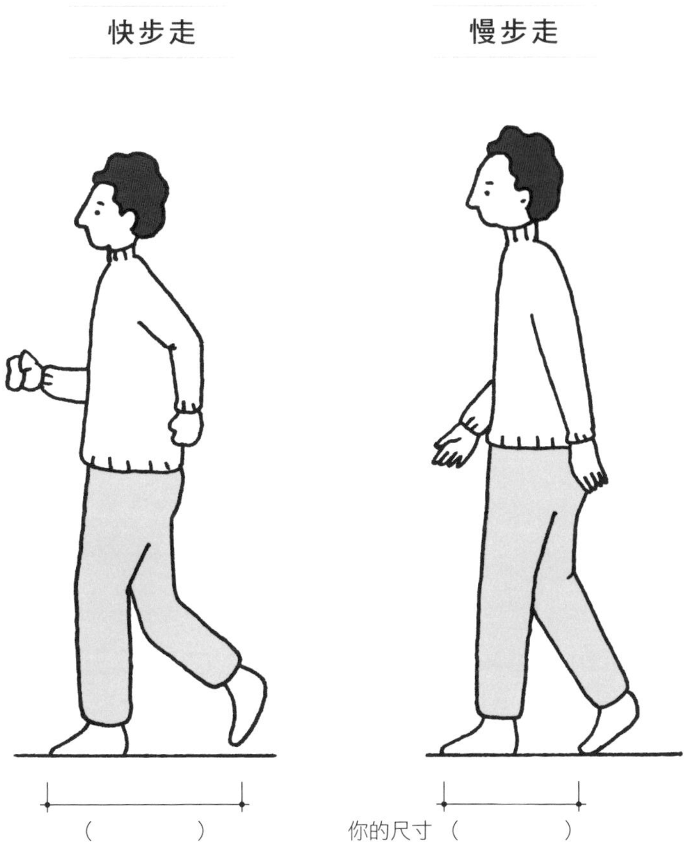


「步幅」也是估測距離時一種很便利的簡易距離計測法。

如果想知道路寬多少或是家裡的空間寬度時，步幅很好用。請試著走幾步路看看，走個幾次，測量一下你自己平均步幅尺寸。如果你知道自己慢慢走跟快步走時的步幅是多少，當你置身於一個尺度感很棒的空間時，你便能掌握住那個空間的尺度。

# 用身體尺來思考其他物體的大小

我們想知道床或浴缸等物體的大小時，直接拿卷尺測量當然是一個辦法，不過為了要培養對於尺寸的概念，現在先以自己的身體尺寸為基準，跟各種家具及機器對比，思考一下。

首先，只要把我們的身高、肩寬再加上翻身等等動作所需的幅度後，就是床的尺寸。一般來說，身高再往上下各加150毫米、總計300毫米之後，就是床鋪的長度。接著要翻身的話，床寬必須是肩寬的兩倍，所以一張單人床的床寬便是兩倍的肩寬，大約是

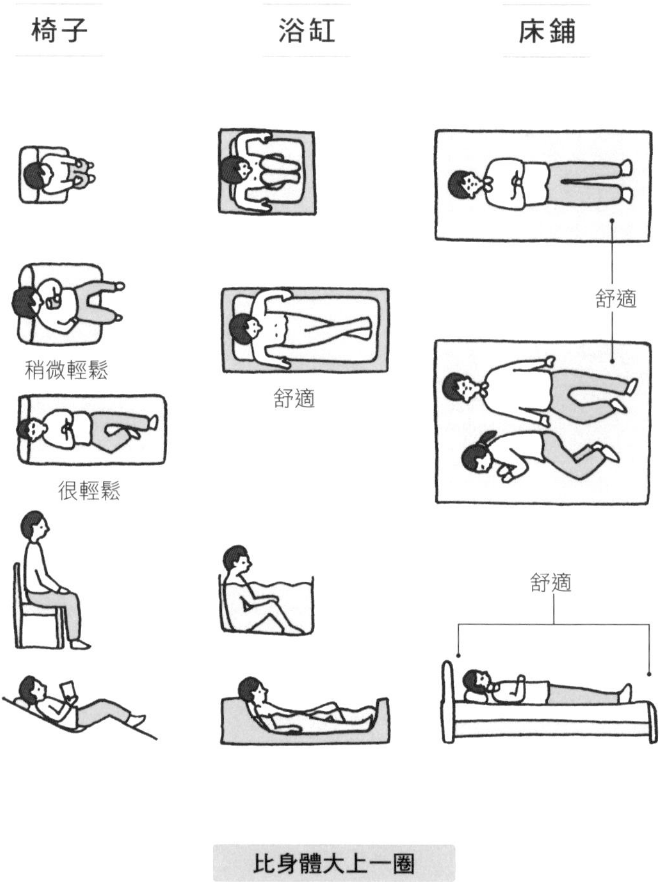

1000毫米，這樣記就好了。

浴缸的寬度則必須比肩膀再寬100毫米左右，浴缸的長度（L）與深度（D）的關係，只要記得一般大約是L＋D＝1600〜1700毫米。

椅子的話，需要配合小腿高度與腰寬，辦公椅跟餐椅的寬度（W）、深度（D）、椅面高度（SH）大約都等於400毫米。休息用的客廳沙發椅之類的則會比較接近床鋪的尺寸，SH比較低一點，椅面則更長一些。除了這些之外，也請把廚房流理臺、餐桌等等的尺寸也試著記錄下來看看。

廚房

餐桌

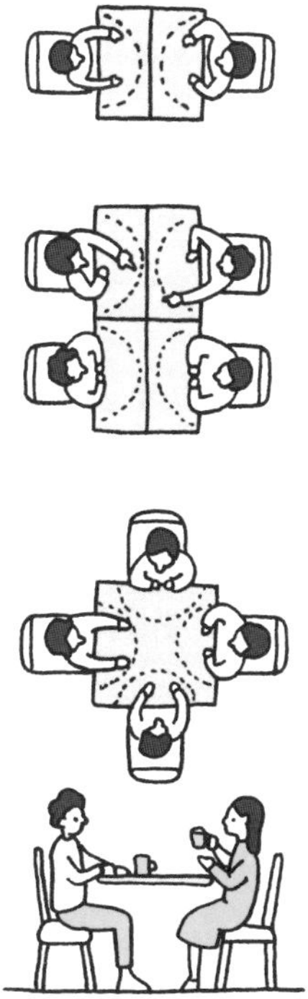

想想動作空間

柯比意的模矩系統

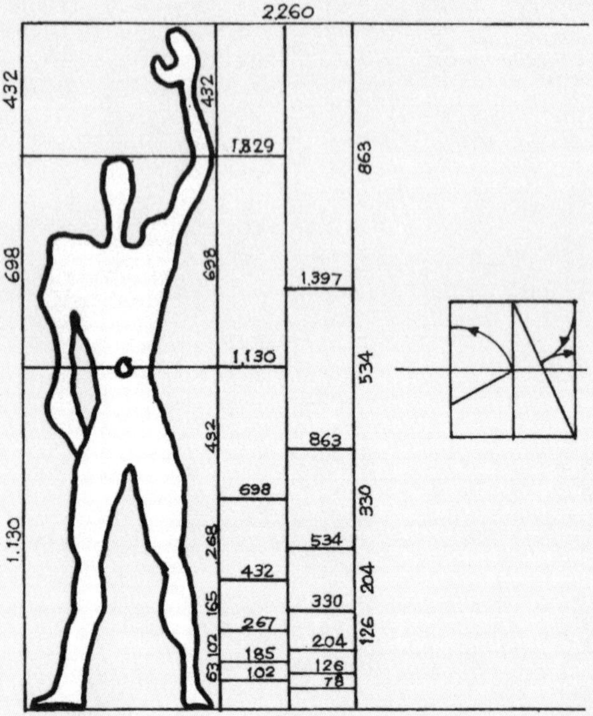


模矩與動作

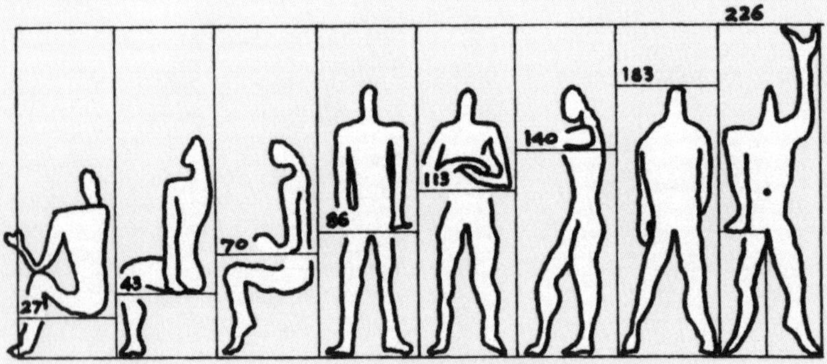

柯比意的實驗小屋「馬丁岬」

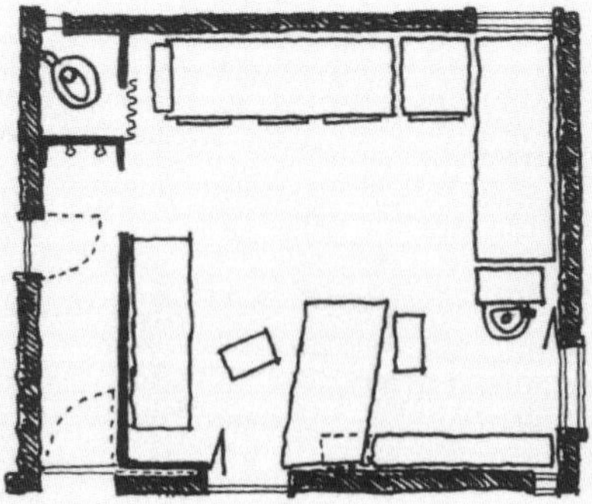

平面圖

現代建築三大巨匠之一的柯比意（Le Corbusier），曾提出以人體尺寸比例發展出來的空間尺度系統，稱為「模矩」。

南法褐岩的馬丁岬，有一幢為了實際體驗模矩體系而打造出來的小房子，圖A與圖B便是將模矩系統應用於生活行為與家具、建築上的情況。看這些圖，可以發現與其硬記桌椅、床鋪是多大，或者窗戶、天花板該多高等數字，還不如從我們自己的身體去發想，這麼做，應該就不會出現太離譜的尺度失誤了吧。

馬丁岬的模矩應用

A

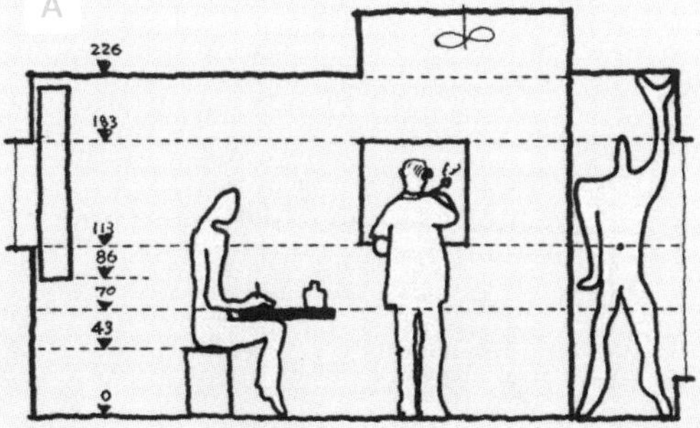


B

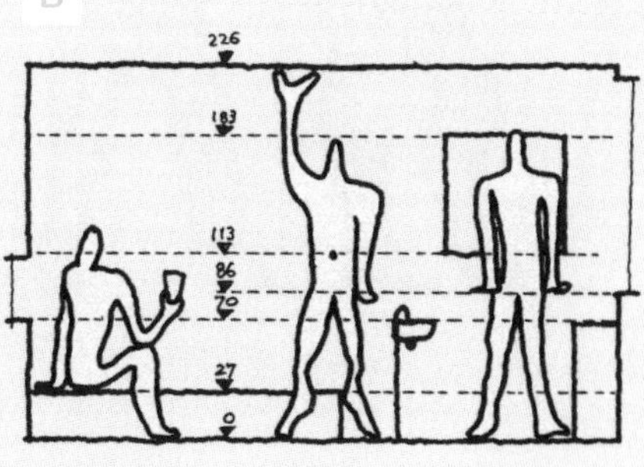

# 配合日本人身高來決定

我們日本人無論是體型或生活習慣都與歐美人大相逕庭，所以我們的房子與家具，也與歐美產生各種尺寸與造型上的差異。下面這張圖，是模仿柯比意的模矩概念（參照Column）所繪製的日本人生活動作及體型的簡圖。請參考本圖，對照一下我們日常當中的各種動作、比照一下自己的身高與身體部位的尺寸，去了解一下大概的數字。

以天花板來說，高度最好要在我們需要換電燈泡時，站在椅子上伸手就構得到的高度。

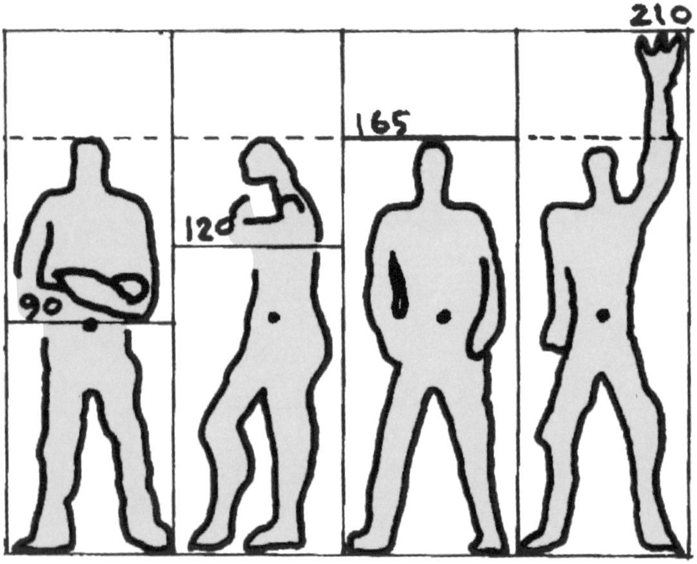

窗戶的高度則是從我們腰部到頭頂的這段距離。

日本民居裡因為有榻榻米，跪坐或盤坐時一定會用到矮桌。進屋後，也要換上室內鞋。住宅裡還有緣廊（譯註：介於屋內房間與室外之間的一種有遮蓋的長廊）這種既不屬於室外也不屬於室內、可充作多用途使用的空間。緣廊的高度，必須要能保護室內不受濕氣侵襲、要便於讓人踏進踏出，同時也要讓人能坐下來休息。所以決定尺寸高度時，重點在於要配合自己的身體尺及實際的使用方式思考決定。

## 以日本人體型為基準的模矩圖

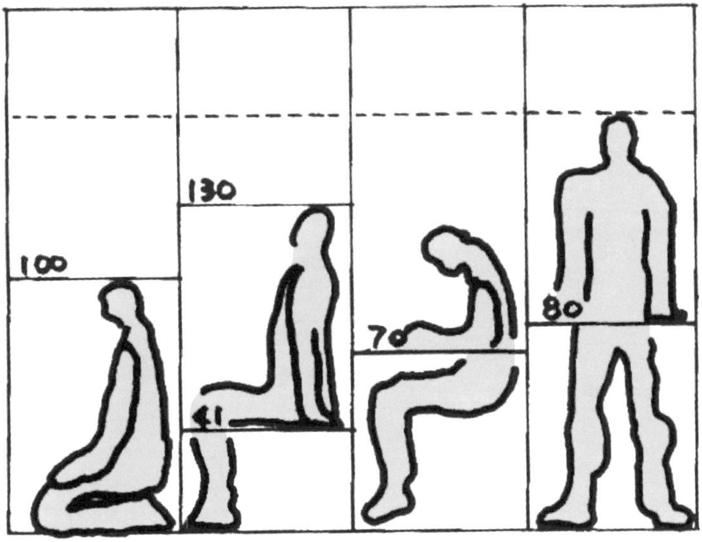

# 日常動作與家具、建築的高度關係

讓我們從剛才看過的日本人模矩圖中，發想一下我們在日常生活中的各種行為動作，思考建築與家具的合理高度。

## 站在椅子上搆得到天花板的高度

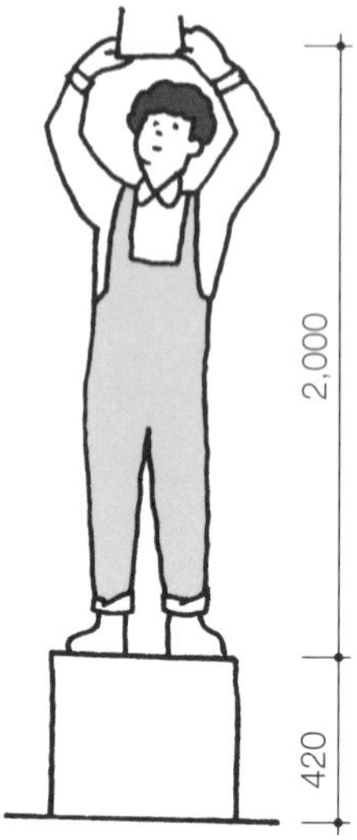


2,000+420

天花板並不是愈高愈好。我們把天花板高度設定為2,420，因為這是站在椅子上可以維修物品的高度。

天花板上如果設有維修口，就會有從那邊配管配線的相關維修需求。

平常雖不太會去摸天花板，但重新粉刷或貼壁紙時就需碰到天花板。

## 舉起手時的高度

### 1,600 ～ 1,700+300

當我們需要使用上方吊櫃或更換壁燈（托架燈）的燈泡等等時，需要把手舉高。1,900 ～ 2,000 這個數字，便是收納櫃等物品的高度參考。

不屬於一般房間的浴室或廁所，天花板或許可以低一點。

要伸長手才能碰得到的高處櫥櫃，可以用來擺放較少用的東西。

門上的楣窗高度，設定在把手舉高時可以碰得到的高度。

# 配合身高決定的東西

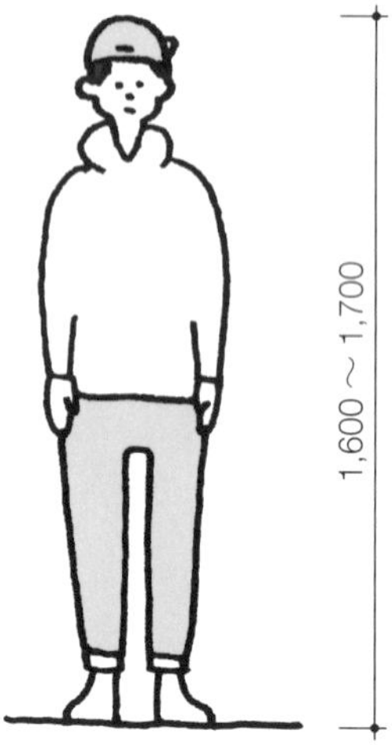


## 1,600～1,700

說到配合人體身高來決定的，首先我們會想到的就是出入口。請記住，一般人的身高＋α＝一張榻榻米的高度（約 1,800）。現代人身材愈來愈好了，高達 1,900～2,000 的出入口也愈來愈多。

### 垂吊燈的高度

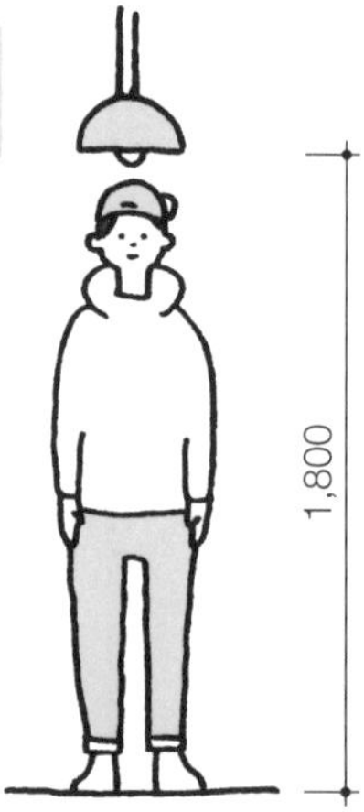


上方吊櫃或垂吊燈的高度約在 1,800 左右。

### 出入口

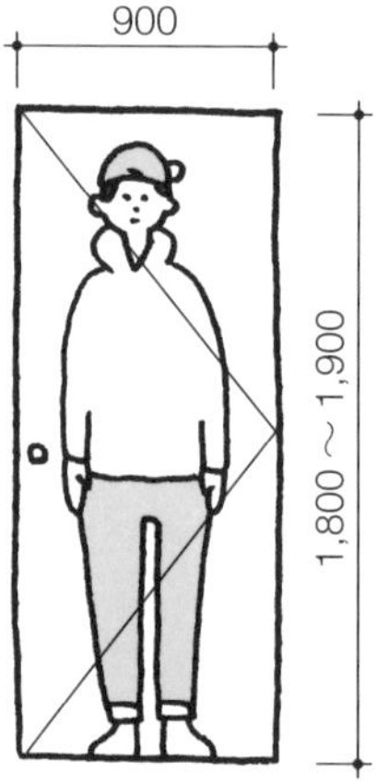


出入口的高度約為人體身高＋200＝1,800～1,900。一片夾板就等於一張門板的大小。

## 配合眼睛高度決定的東西

1,400

窗戶除了採光與通風的機能外，還有一個重要功能是讓人能從室內看得到室外。所以決定窗戶高度時，請記得配合眼睛高度，以確保視野良好。

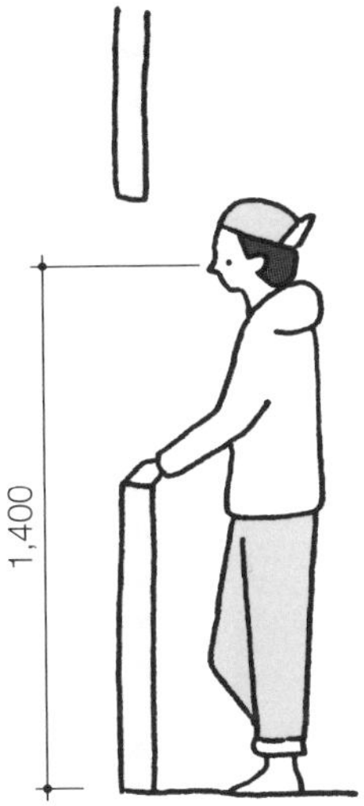

站著吃東西的高桌或吧檯的高度，約在胸口下緣，1,200左右。

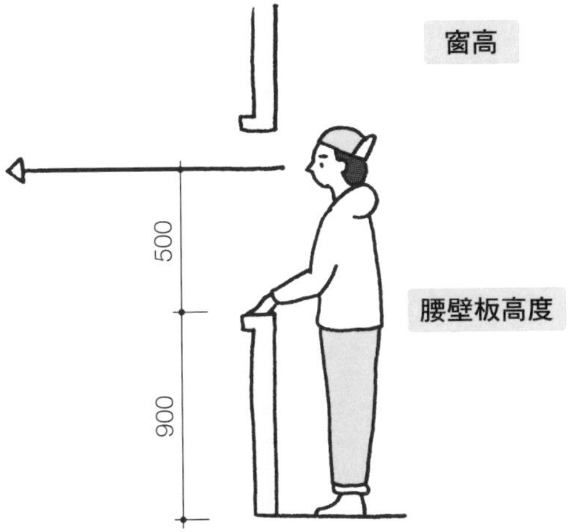


提供對外視野的窗戶高度要配合身高來決定。腰壁板的高度則約為 900。

## 需要彎腰的作業

850+650

需要配合腰部高度的以廚房流理臺為代表，太高或太低，作業起來都不方便，也會造成腰部的負擔。

**洗臉**

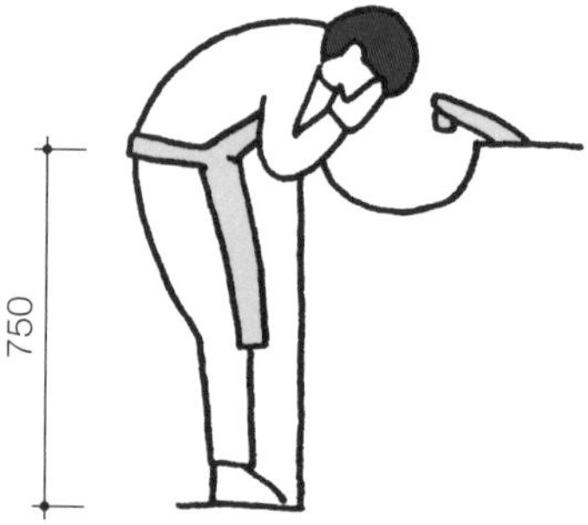


洗臉的時候要彎低腰，因此洗臉臺的高度要比腰低一些，約 750 左右。

**廚房流理臺**

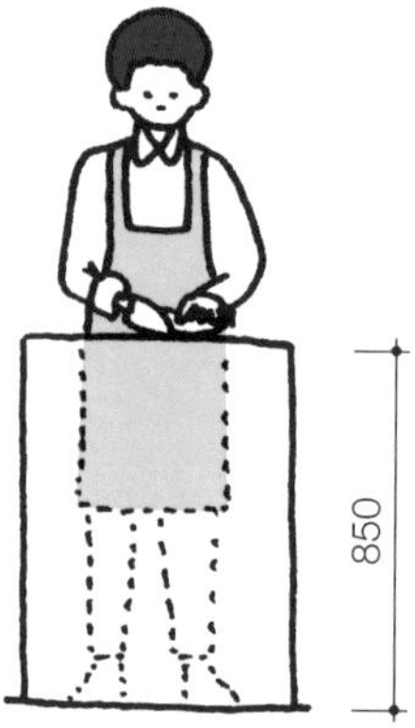


流理臺高度約身高一半，大概在 850 左右的話用起來很方便。

## 坐在椅子上的高度

400+300

身為現代人的我們愈來愈常坐在椅子上，用餐、學習、閱讀的時候坐在椅子上，上廁所時坐在馬桶上。把椅面高度想成膝蓋高度就好。

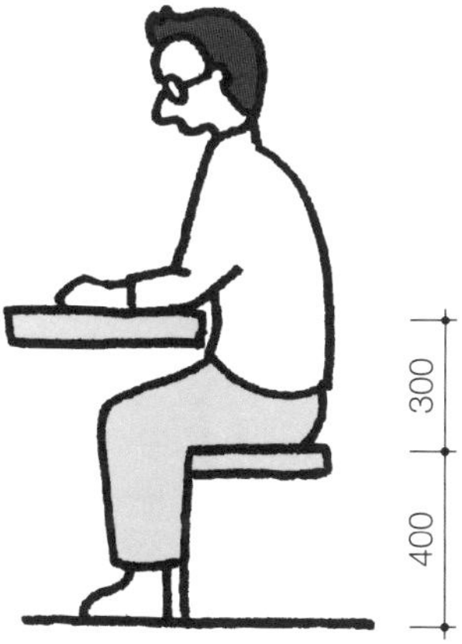


用餐

寫字

茶几的話稍微低一點，500～600 左右也沒關係。

用餐或寫字時，桌子高度大約在 650 ～ 700 之間。

# 坐

0

這裡指在榻榻米上生活時的跪坐或盤坐的姿勢。榻榻米是日本獨特的地板材料，也是坐具，在榻榻米上坐或躺都很方便。

## 泡茶或習藝

日本自古以來的茶道與花道，都是跪坐在榻榻米上進行。

## 喝茶

不少人喜歡盤坐在地上，矮桌的高度約為 400。

# 坐在緣廊上

450

日本民宅裡的緣廊是一種曖昧的空間，既不屬於室內，也不屬於室外，四季之中很多生活的情境，都是坐在緣廊上進行。坐在緣廊上休息、有時也會在緣廊上待客。只要想一下日常裡在緣廊上的情況，就可以了解為何會把住宅地板高度設定為 450。

**在緣臺上休息**

緣臺是完全位於屋外的一種架高臺架，高度跟椅子差不多比較適合，約 400。過高的話，就得放塊踏石之類的來調整。

**穿鞋**

穿鞋或脫鞋時，緣廊或玄關地板與地面之間的高度差距是關鍵，約為 250 左右。

# 由「坐」姿來決定的空間大小

只要觀察一下我們的日常生活，就會發現我們每天花了許多時間「坐著」——吃飯、學習、上網查資料、化妝、閱讀等等——可見得絕不能忽視桌子跟椅子，它們的大小與形態，必須要能符合我們的身體比例。

餐椅與讀書時坐的椅子在尺寸上沒有太大差別，但客廳裡用來放鬆的沙發，椅面深度與椅背斜度便很重要。此外，椅子的彈性與摸起來的質感等也是重要關鍵。

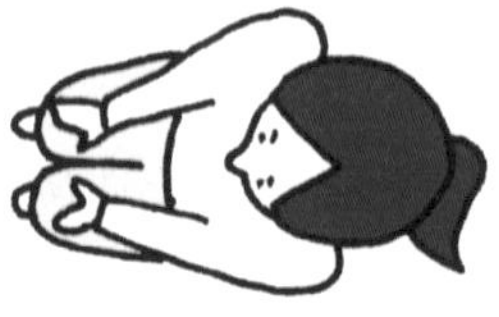

從上往下看的「坐」姿

從側面看的「坐」姿

## 生活中各種「坐著」的行為

**學習**

身體稍微往桌子傾斜。

**用餐**

**放鬆**

椅面深度較深，椅背也更斜。

**排便**

**化妝**

此外還有閱讀與使用電腦

# 坐❶ 思考一下化妝用的空間

## 化妝桌椅的尺寸會受身體尺寸與動作空間影響

**需求條件**

→與配偶同寢室

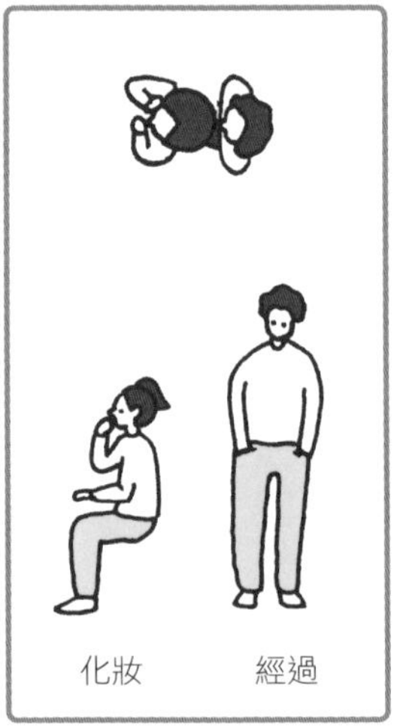


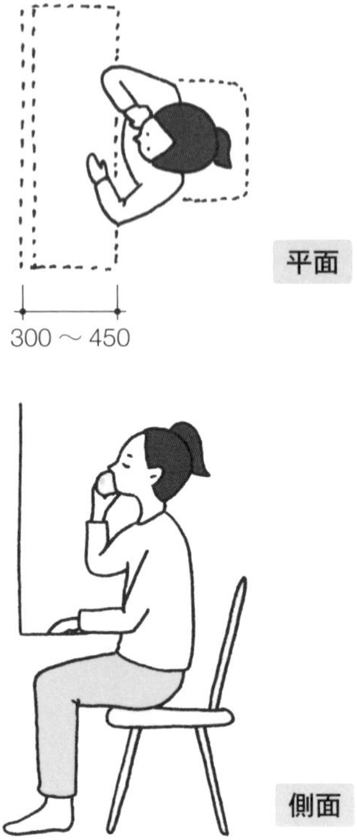


化妝用的空間對女性而言很重要，尤其對職業婦女而言，有時還是她們擺放電腦工作的空間。

由於化妝空間就在寢室裡，有時候扣掉主要的床架、衣櫃之後，經常沒有足夠的空間，不過最好還是可以保留半疊榻榻米大的位置。

**沒有人時** **有人坐著時**

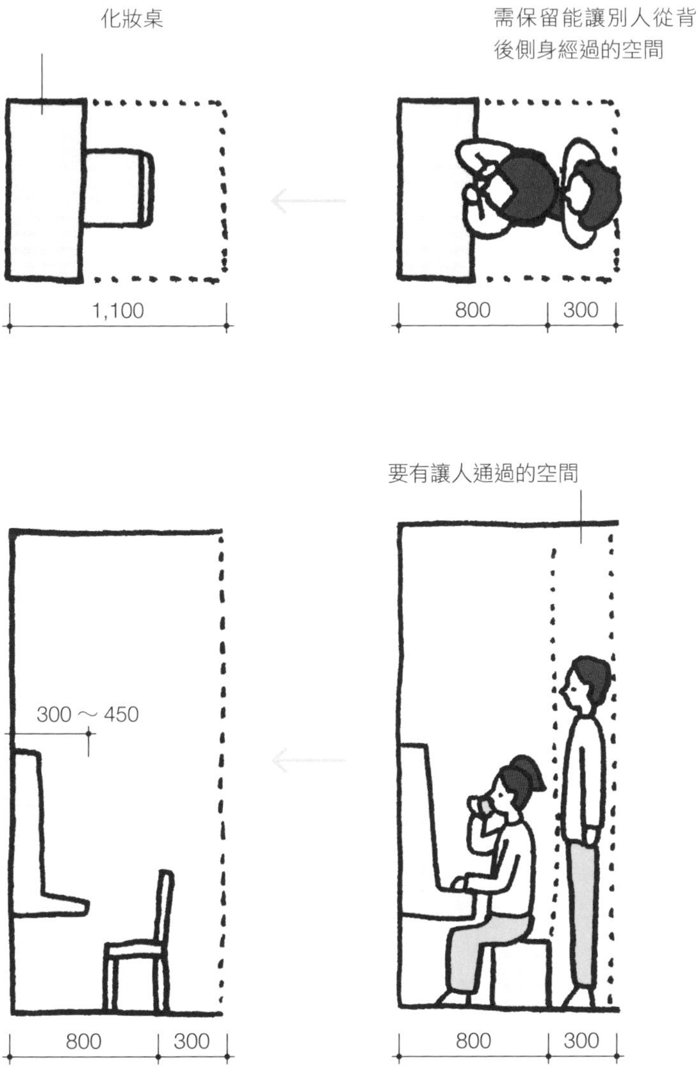
化妝桌
需保留能讓別人從背後側身經過的空間
1,100
800
300
要有讓人通過的空間
300 ～ 450
800
300
800
300

# 坐❷ 思考一下學習用的空間

## 配合身體尺寸與動作空間來決定的桌椅

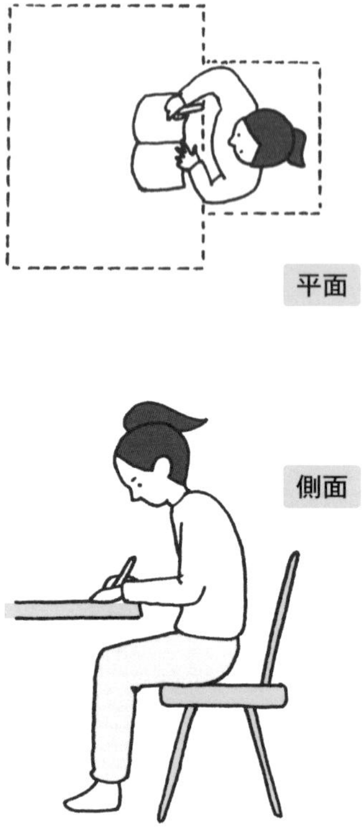


需求條件

→兩人並坐

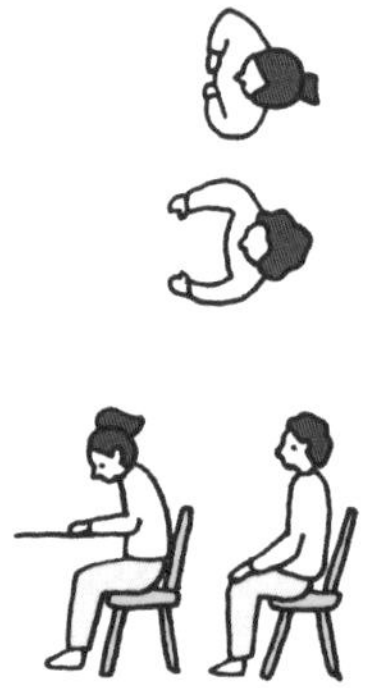

兩人用的書房

說到學習用的空間，大概就是小孩房或書房了吧。賺錢養家的父親用的書房還比小孩子的房間小，這正是天下父母希望孩子能好好念書的一片苦心。現在讓我們來想一下比較小型的書房空間。

學習用的房間除了要滿足「讀、寫」這類基本動作之外，現在還要考慮到電腦這項不可或缺的機器，必須要預留操作電腦的空間。此外，為了要能夠專心看書或工作，書房空間最好不要太大也不要太小，符合人性尺度的話最為理想。

**其中一人坐在書桌前時，另一人依然可以從身後走過**

**保留背後通道空間**

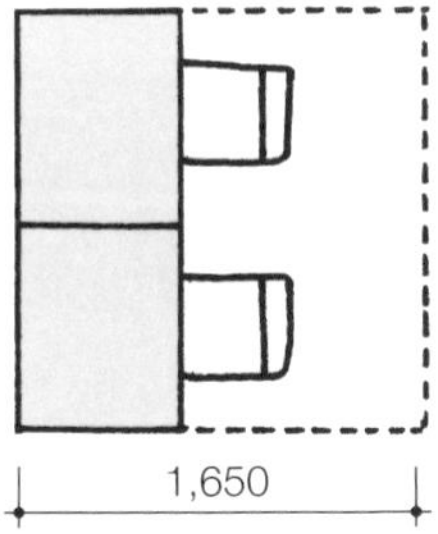


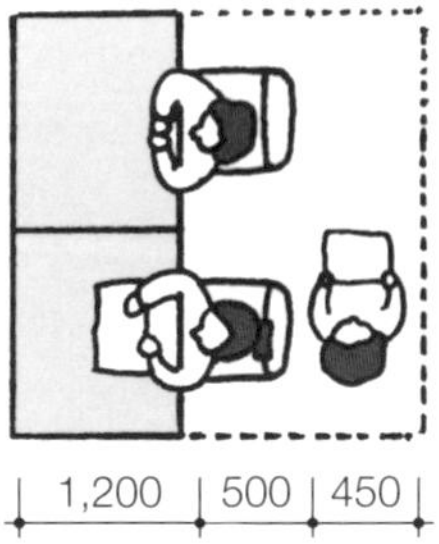


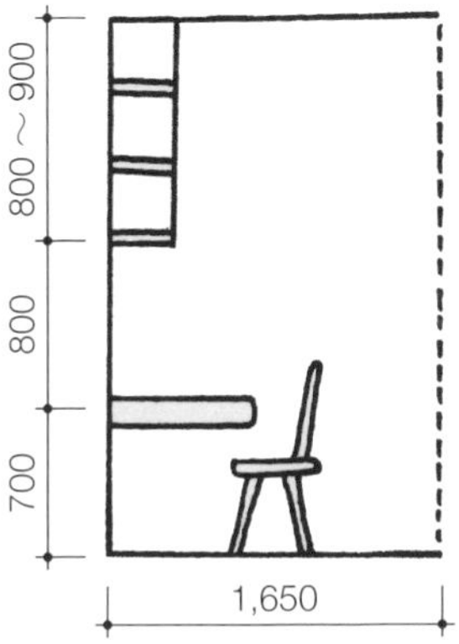


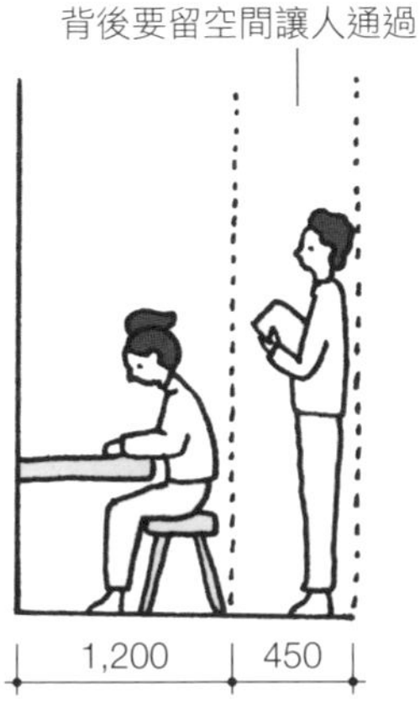


不過書房因為不是家裡的優先空間，很多時候就算一開始放進去了，還是會在檢討階段被拿掉。這時候，可以想一下還有沒有什麼可以讓一個人輕鬆使用的小空間，譬如走廊盡頭、樓梯間的小角落都可以，只要是能擺放簡單的桌椅、書櫃等就行了。

# 坐❸ 思考一下用餐的空間

## 配合身體尺寸與動作空間來決定的餐桌與餐椅

**需求條件**

→四人用餐桌與飯廳

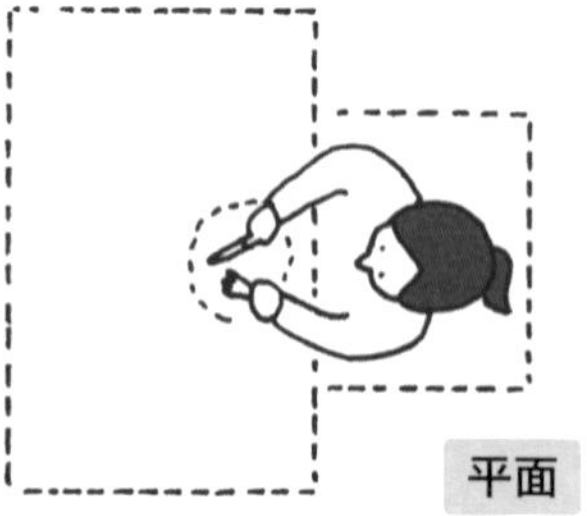


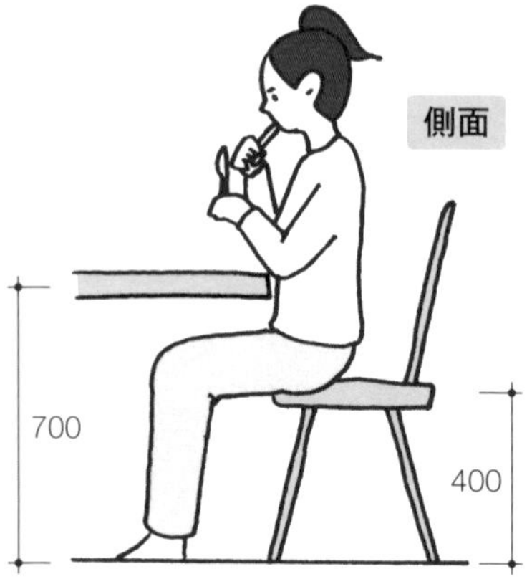


用餐的空間是家庭裡最重要的一個場域，因為除了用餐以外，它也提供了家人齊聚的場所。

有些家庭聚在飯廳的時間比聚在客廳裡的時間還多，飯廳也被認為提供了家人對話、強化家庭連結的功能。用餐、加上對話，再加上與廚房相連在一起而隨之而來的料理等機能，可以說飯廳是家庭裡使用密度最高的空間。

**餐桌旁有充裕空間供人通過**

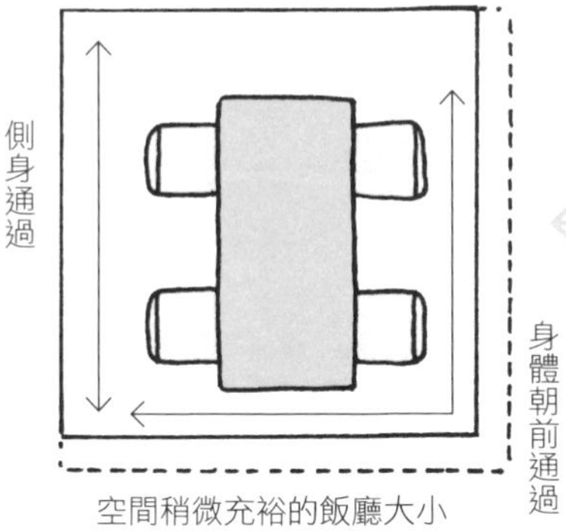


**四周保留了通道空間的基本型飯廳**

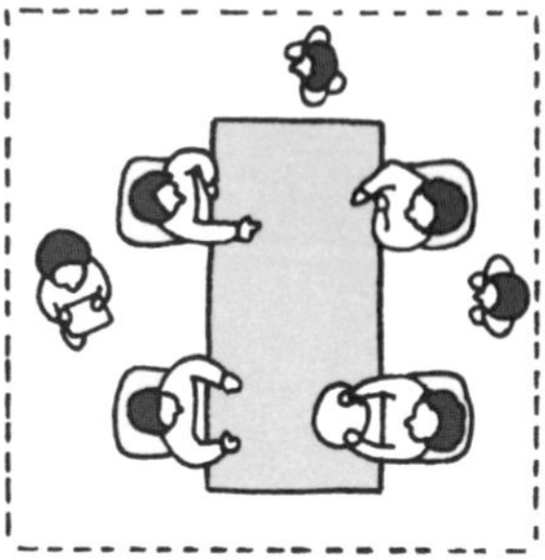


**標準的飯廳大小**

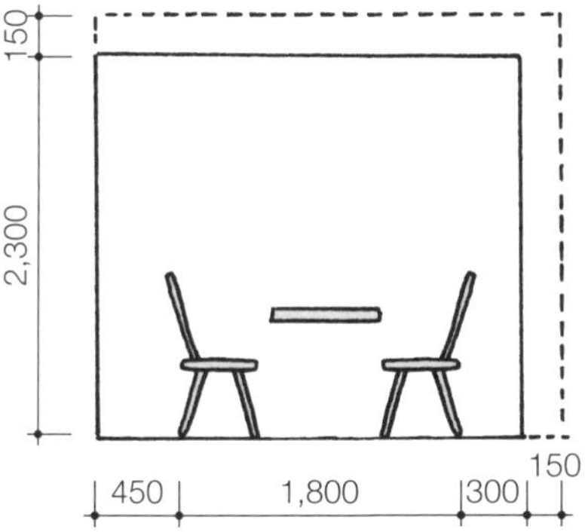


**稍微有點擠**

02 07

# 由「躺」姿來決定空間大小

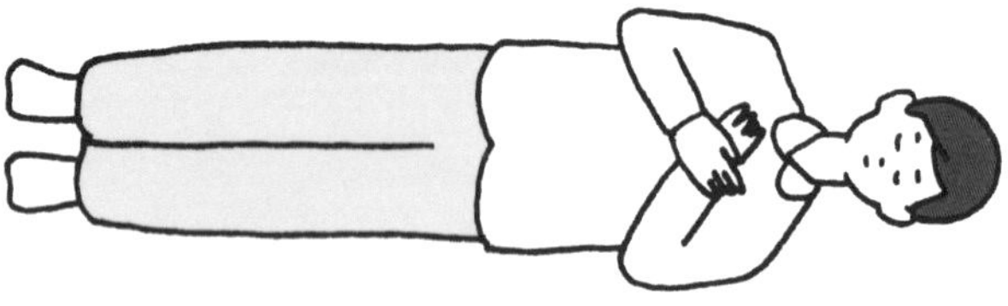

從上往下看的「躺」姿

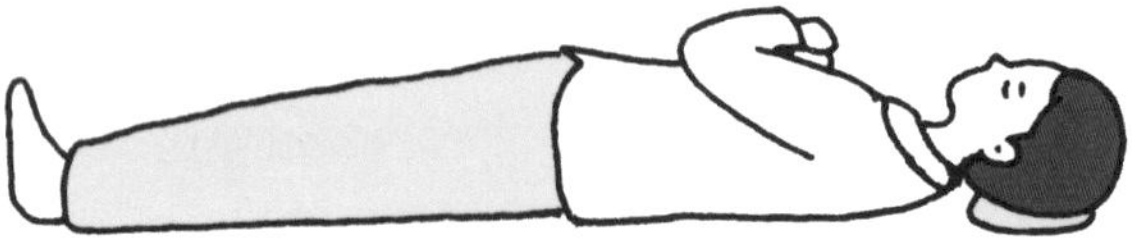

從側面看的「躺」姿

「躺臥」是最讓人身心都得到放鬆的一種姿勢。譬如睡眠，又或者生病的時候要躺下休息，都是因為這樣最能讓身體感到輕鬆。換句話說，這可以說是人活著時最不需要消耗能量的一種姿勢。

除了幾乎完全呈現「水平」的躺姿外，我們平常也常常會稍微抬起上半身躺著。譬如客廳的椅子，除了時常在看書時坐在那上面，需要淺寐一會兒，但還不需要躺在床上時，我們也常會躺在上頭，因為那姿勢非常輕鬆。

## 生活中各種「橫躺」的行為

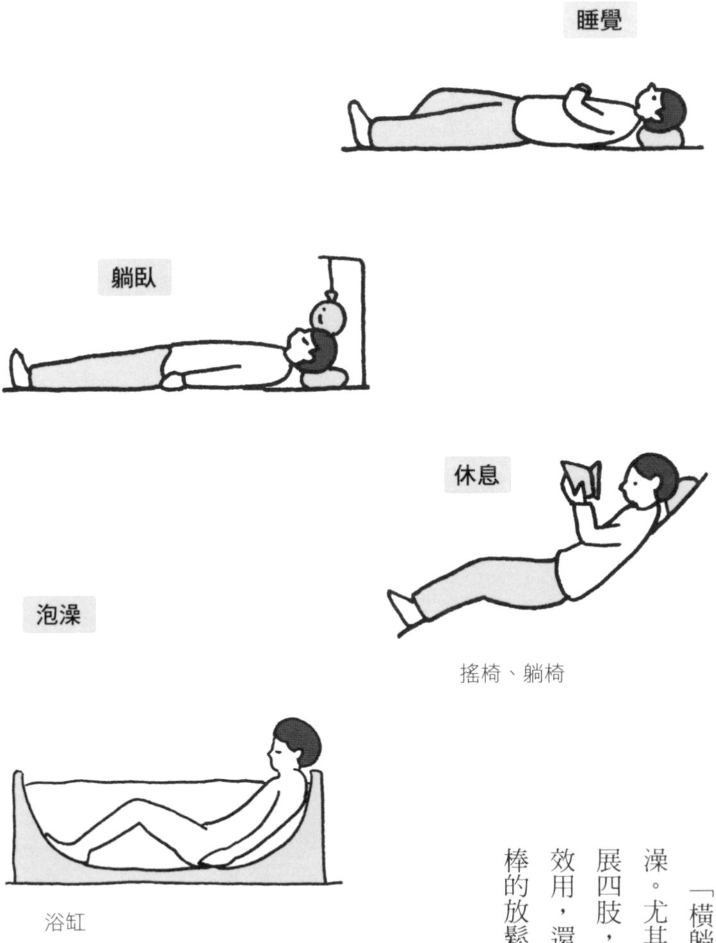


「橫躺」的姿勢還包括了泡澡。尤其躺在西式浴缸時能伸展四肢，不但具有潔淨身體的效用，還能帶給精神與肉體極棒的放鬆效果。

# 躺❶ 思考一下床鋪的大小

床的大小，也就是床的尺寸到底應該怎麼決定才好呢？

首先基本條件是身高與肩寬，不過人睡著時常常會動來動去，這種所謂的「睡相」，每個人動作跟幅度都不一樣，由於不可能依照每個人的不同睡相去客製化床鋪，於是市面上便出現了能滿足普遍大眾翻身需求的床鋪成品，這些成品有兩人用的雙人床、體格好的人睡的加大雙人床（Queen Size）甚至是更大的特大雙人床（King Size）。

只要把自己的身高加上300毫米、肩寬乘以兩倍，應該就是一般市售床鋪的大小。

就寢時的動作與行為

需求條件

# 床鋪尺寸

雙人床

單人床

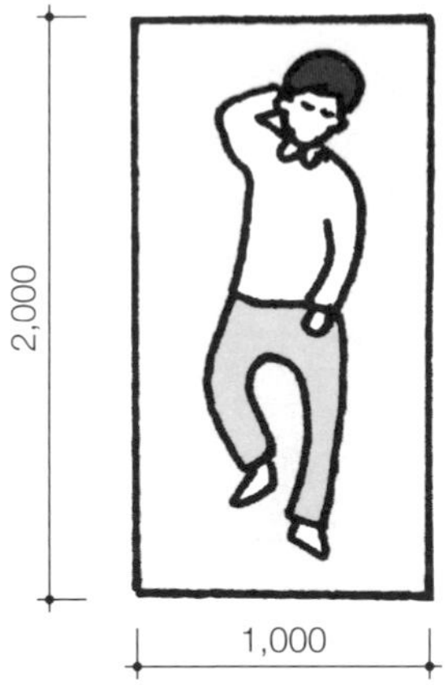


特大雙人床

加大雙人床

# 躺❷ 思考一下浴缸的大小

各種「躺下」的姿勢裡，有一項是泡澡。浴缸造型以西式浴缸為主，泡澡這件事情除了對健康衛生有益，還能放鬆肉體與精神，因此被認為很重要。在熱水還很珍貴的年代，為了要把全身有效地泡進熱水並達到放鬆效果，而出現了西式浴缸的造型。

日式浴缸則是深度較深的桶形，通常要屈膝才能泡在裡面。

泡澡時的動作與行為

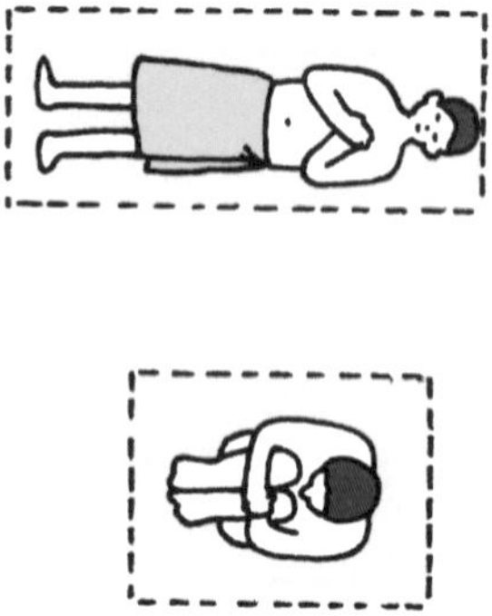

需求條件

⇒ 日式

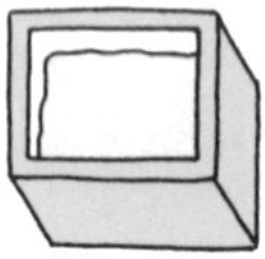

⇒ 西式

⇒ 浴缸造型

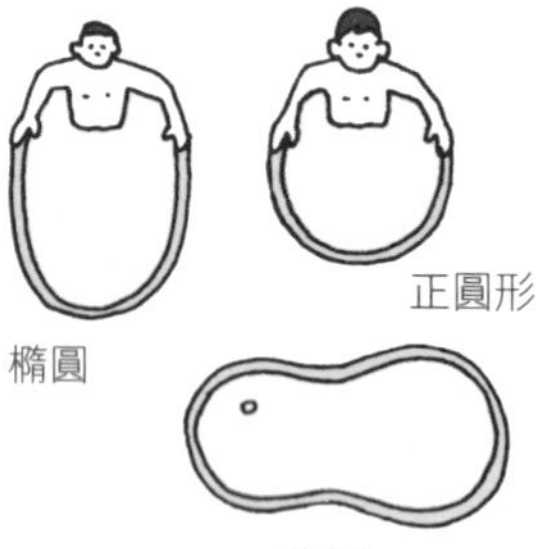


⇒ 兩人以上一起泡澡

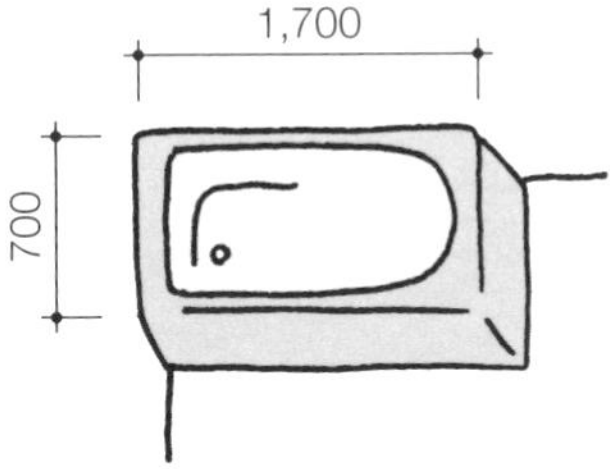
1,700
700

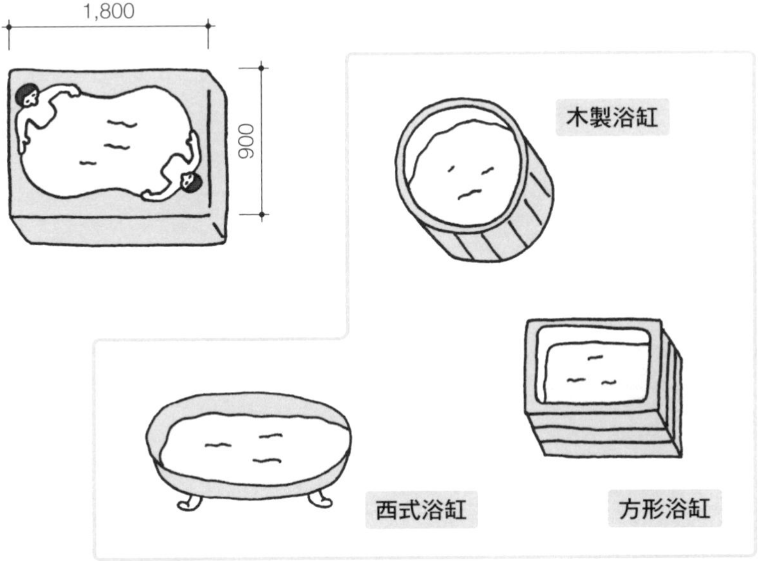
1,800
900
木製浴缸
西式浴缸
方形浴缸

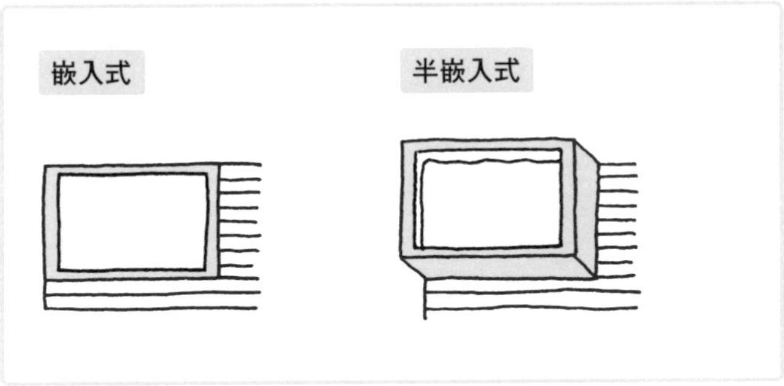
嵌入式
半嵌入式

02 08

# 由「站」姿來決定空間高度

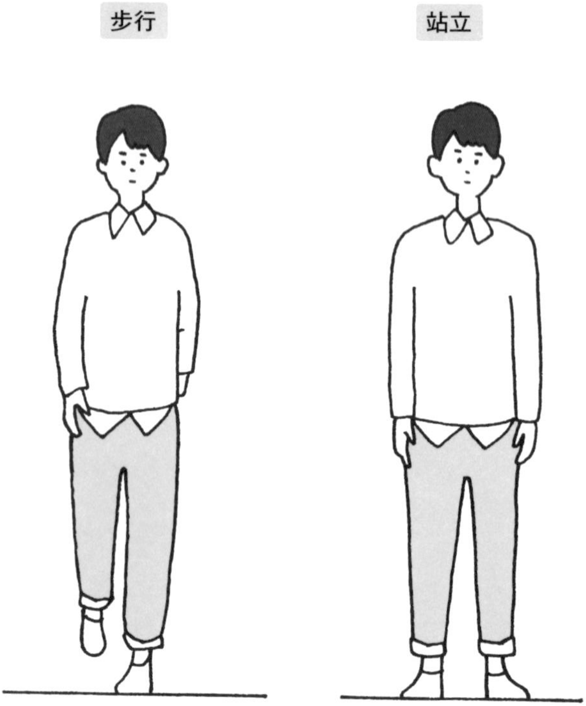


會被站姿影響的，應該是高度方面的尺寸。

基本上，會被站姿影響的有出入口與窗戶的高度之類，另外像是料理器材或工作時用的作業臺高度，由於會影響一個人的作業效率與疲倦程度，在決定尺寸時要謹慎。至於天花板的高度，雖然高一點會感覺更開闊，可是也會讓人靜不下心來，但太低的話則會造成壓迫感。一個空間的大小與天花板高度都很重要，所以當你感覺一個地方的高度讓人很舒服時，請記得量一下那個空間的尺寸，培養出良好的尺度品味。

## 生活中各種站立的行為

料理

走路

收納

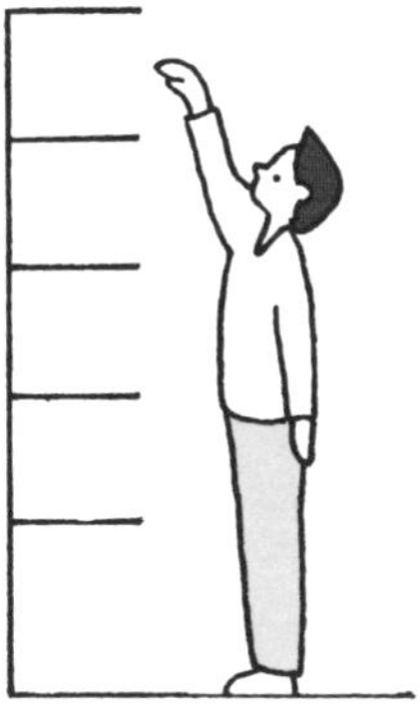

爬樓梯

踏上較高的地方

# 站❶思考一下收放料理器材的空間大小

## 廚房裡的動作與行為

在廚房裡常得要站著。做菜、洗碗、收放餐具等等的都很花力氣，為了避免疲勞，不管是廚具的樣式或安排上都得選擇比較省力的。尤其洗碗槽與爐臺會影響到腰痠與疲憊的程度，因此更要選擇適合身體尺度的產品。

### 需求條件

⇒身高會影響到設備高度

使用人數

⇒一人或多人

### 廚房設備的深度

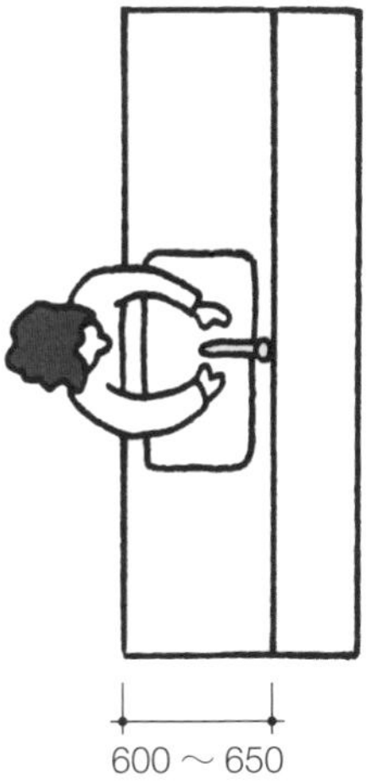


### 廚房內的動作範圍

### 廚房設備高度

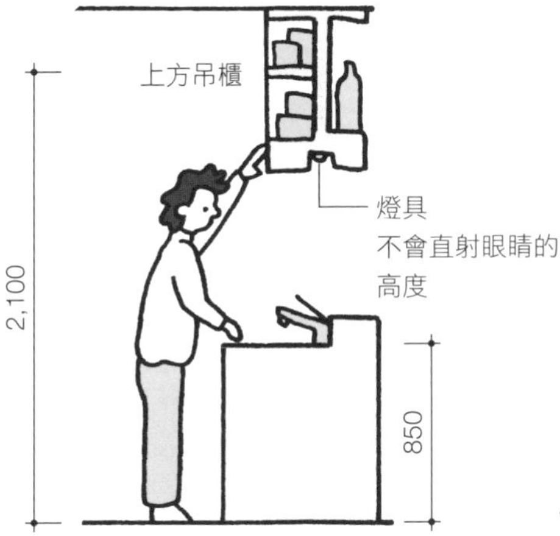


### 櫥櫃高度

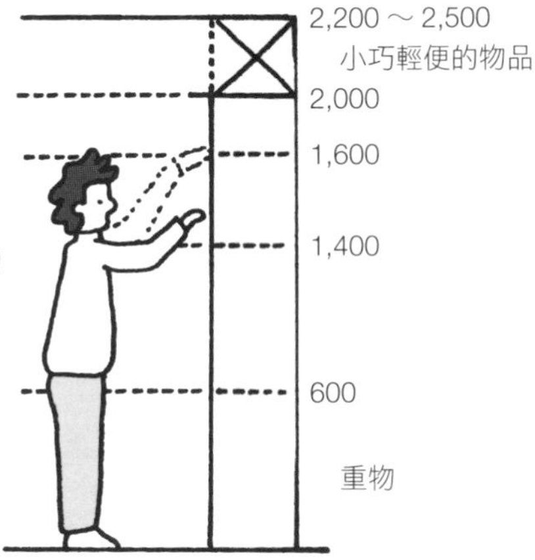

# 站❷ 思考一下開口與扶手的高度

## 站立的動作與行為

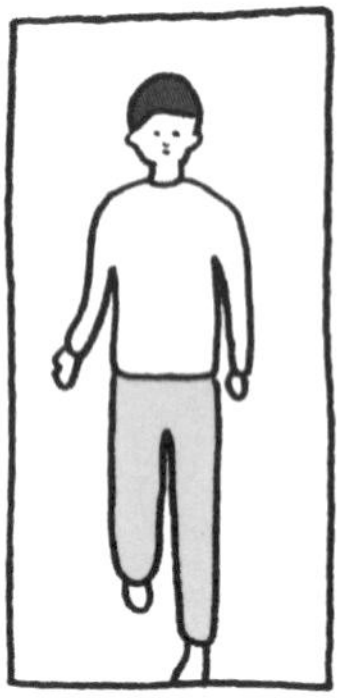

出入口的門除了供人進出之外，有時還要把家具搬進搬出，因此大小必須要能讓這些行為順利進行。

窗戶則在讓我們看見外頭景色、採納光線與通風上扮演了重要角色，窗戶的高度與開闔的方便性、陽臺扶手高度等等都要建立人體尺度的需求上，顧全安全性。

### 需考慮事項

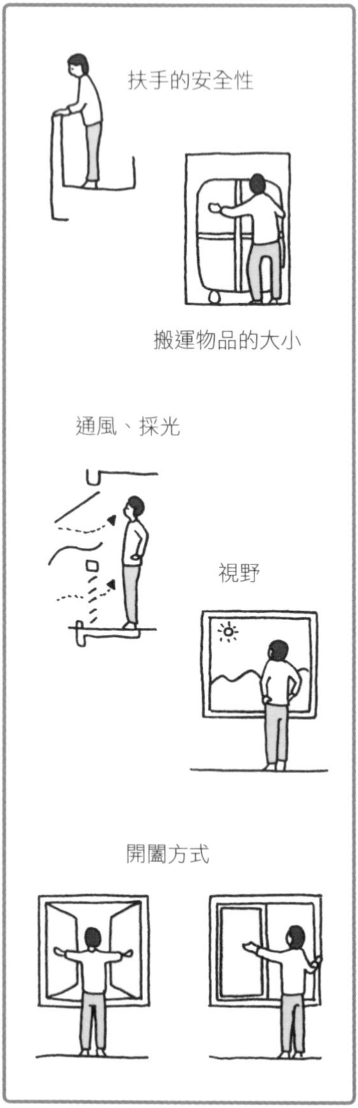

景色眺望窗

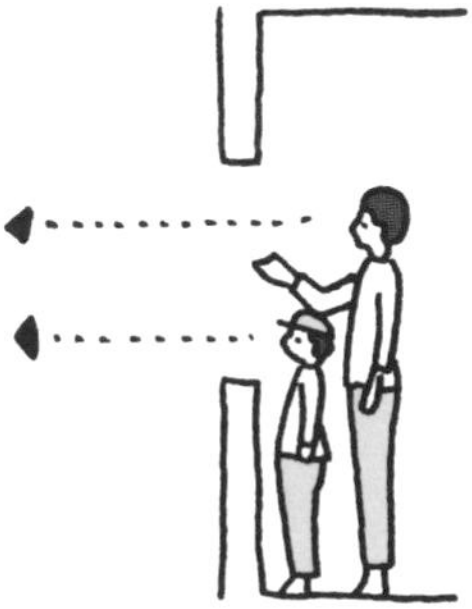

大型家具搬進搬出

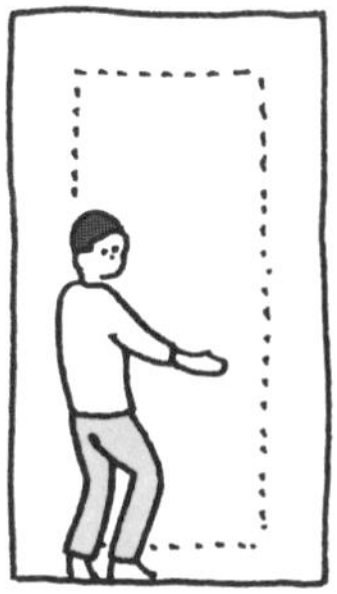

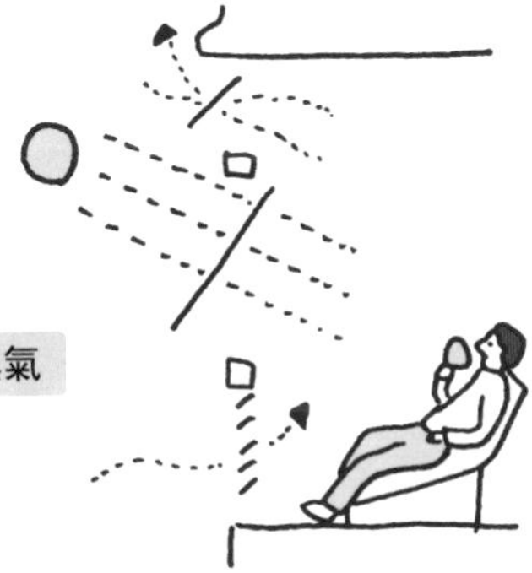

採光、通風、換氣

樓梯的梯高與天花板、扶手的高度

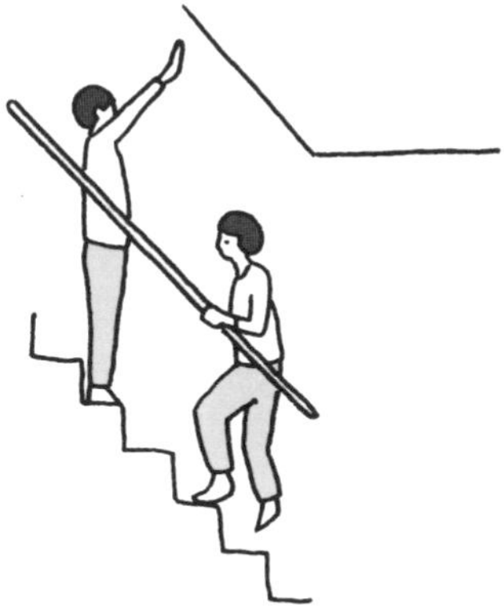

隱私考量與通風、換氣

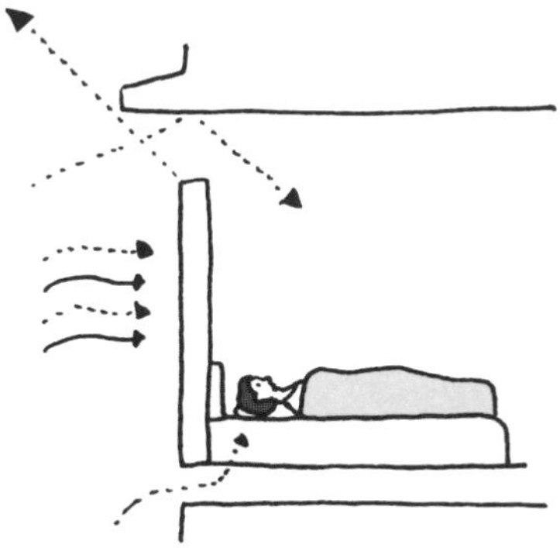

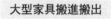

# 椅子的定律（從椅子到床）

椅座、椅背與椅腳的關係

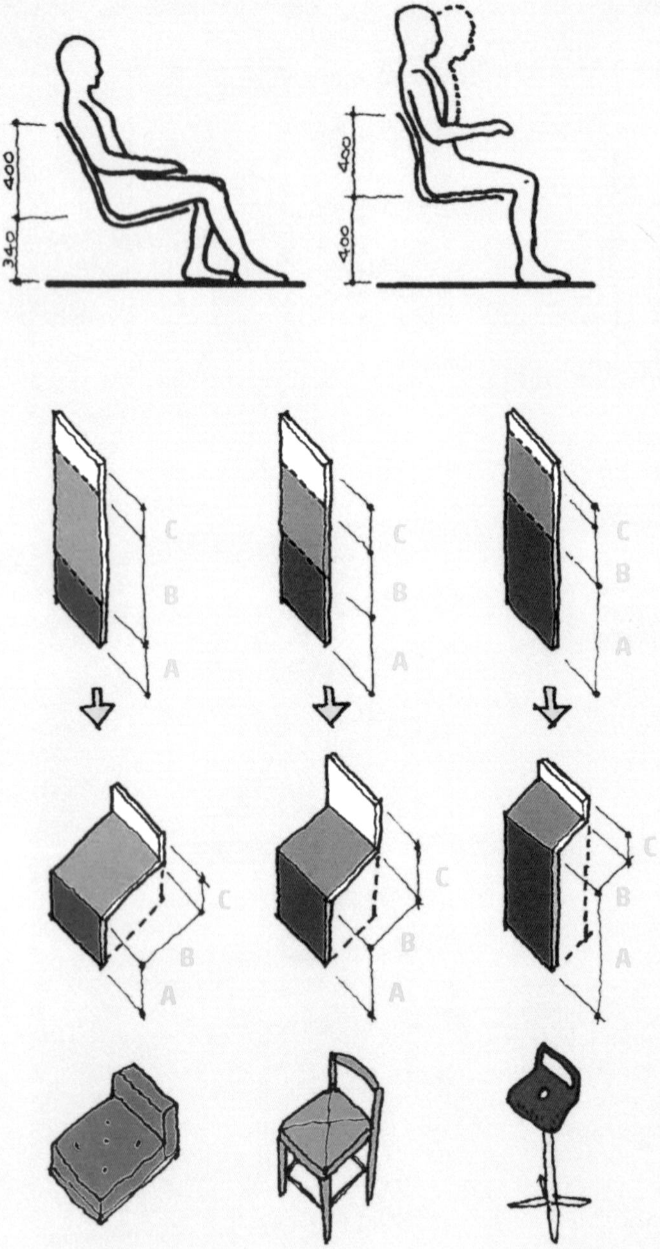

椅子是由「椅腳、椅座、椅背」這三個要素組成的，很有意思的是人們在椅子的基本型態上發現這三個要素會出現一種尺寸上的定律。假設椅座高度是（A）、椅座深度是（B）、椅背高度是（C），A＋B＋C會等於1200～1300毫米。

這個定律也可以套用在某些躺椅上，不過更大型的躺椅則會更接近水平的床鋪尺寸。

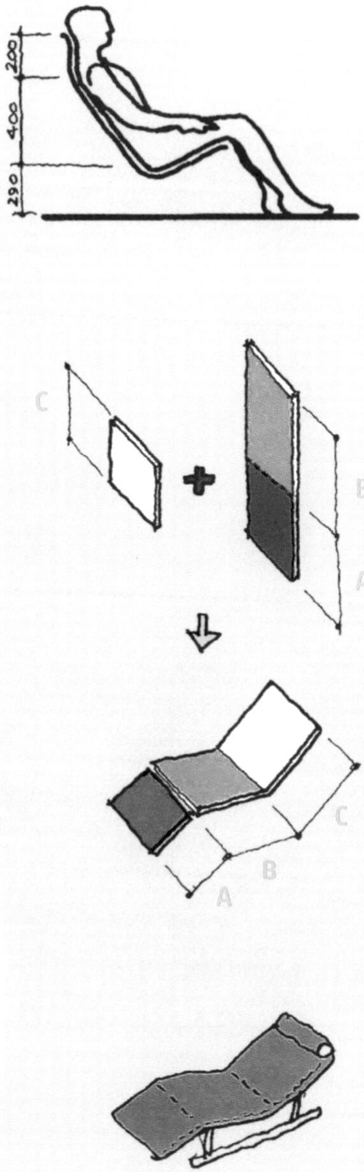


椅子的定律

A+B+C ＝ 1,200 ～ 1,300

02
09

# 家具與房間／介於器具與房間之間的空間

一個房間的大小，要視房間的用途、使用人數以及必要家具等等的尺寸來決定。

## 設想一下廁所的大小

比方說，廁所裡除了擺放便器外，便器周遭也要有能夠打掃、施工與維修的空間，還要有能滿足如廁行為的動作空間，也就是要留一些「空隙」。

請想像你自己在使用某個家具或器具時，以自己的身體尺度來說，你需要多少的「空隙」才足夠呢？藉此來思考空間大小。

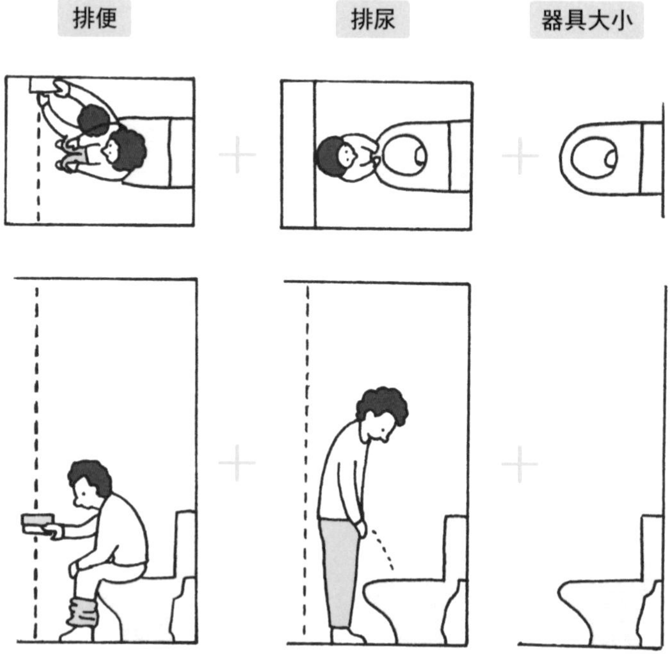

## 如廁動作與相關器具的關係

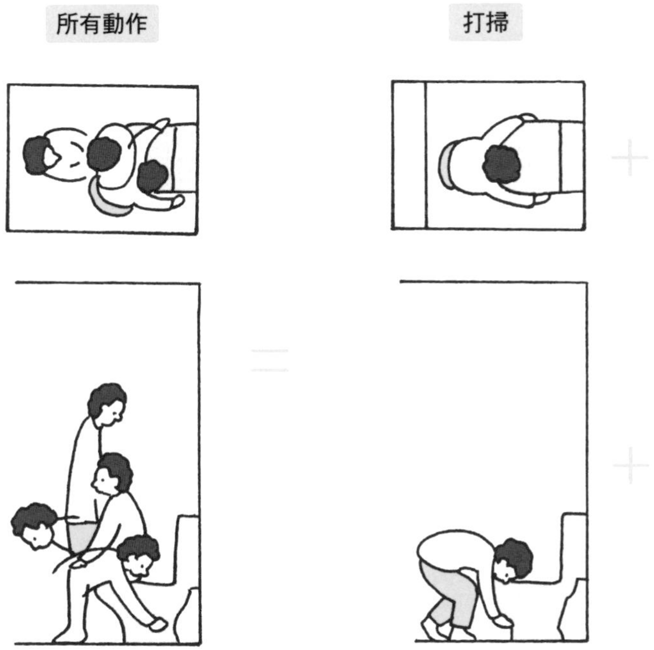

## 想一想臥室的大小

現今有愈來愈多家庭在房裡擺放西式床架了。除了床架的空間以外，還應該要有能滿足打掃與整理床鋪等需求的空間。請具體想一下在臥室裡的各種行為會產生哪些動作、整體上需要哪些空間。

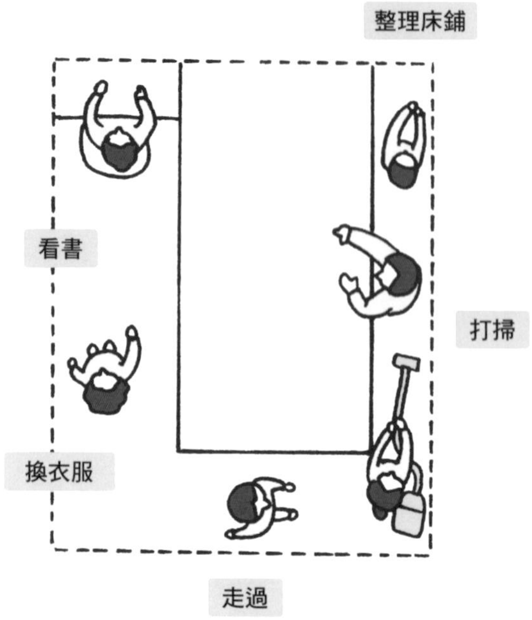

臥室一例

平面圖

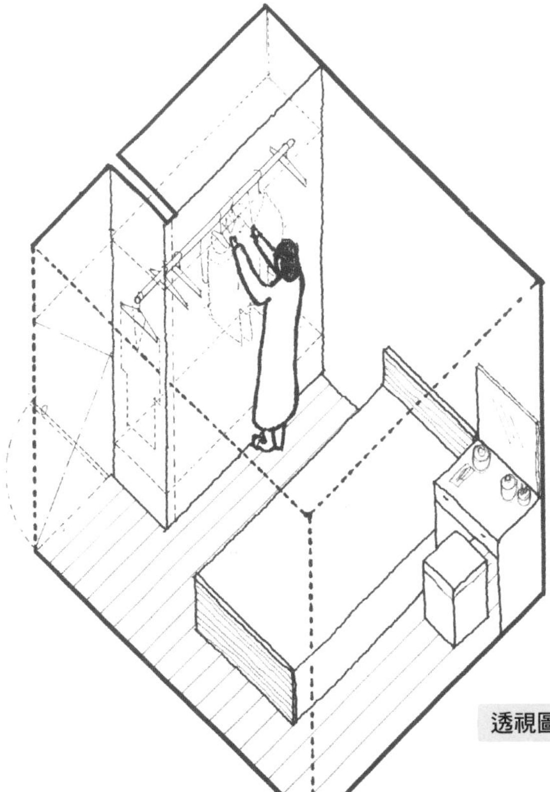

透視圖

03

# 和室是尺度認知之始!?

# 和室是認知空間的寶庫

和風建築一般指的是以茶室為代表的數寄屋建築或書院造，而日式建築裡，最容易讓人聯想到的元素應該就是透光紙門、隔間紙門、床之間（編按：在房間的一個角落做出一個內凹的小空間）跟榻榻米了吧？

從前千利休設計的茶室「待庵」雖然只有兩疊榻榻米大，卻是主客兩人相處的緊密空間。待庵告訴了我們一件事，一個空間的豐富性與舒適度並不是只取決於空間的大小。

日本各地的榻榻米尺寸都不太一樣，關東地區與關西地區

## 待庵是僅有兩疊的緊密空間

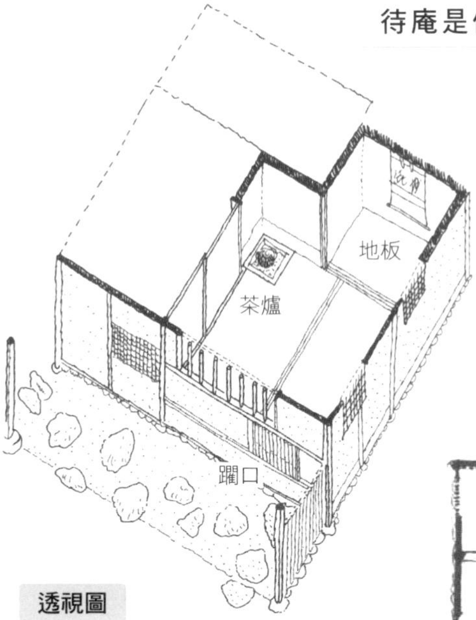


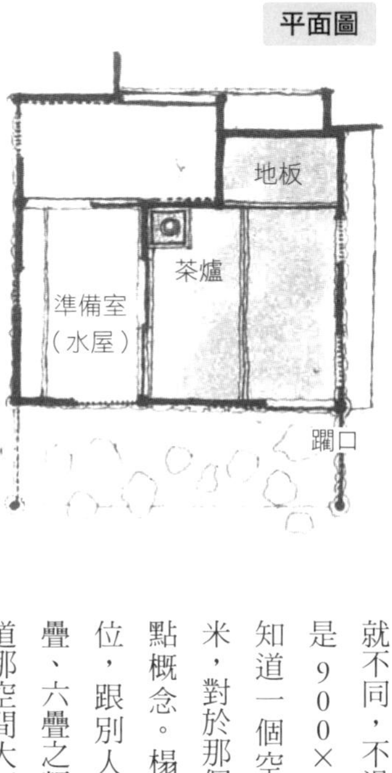


就不同，不過一張榻榻米大概是900×1800。如果你知道一個空間等於幾張榻榻米，對於那個空間大小就會有點概念。榻榻米也是計算單位，跟別人說一個房間有三疊、六疊之類的，對方就會知道那空間大概有多大。榻榻米是日本人在空間尺度上的一種獨特概念，也是日本人對於空間的共識單位。只可惜近年來鋪上榻榻米的和室愈來愈少，大家對於生活中拿榻榻米來計量的空間概念正逐漸退化。有些公寓甚至會刻意把榻榻米做得小一點，讓空間看起來張數多一些，好像大一點，所以請大家要確實記住榻榻米的尺寸。

# 榻榻米的計數方式

鋪設榻榻米有一定的規矩，榻榻米的長邊上縫了防阻藺草散開的「疊緣」，依照鋪法，有時候疊緣跟疊緣會並排在一起，這也成為了計算榻榻米張數與迅速掌握住空間大小時的依據。

## 柱割或疊割

日本民宅採梁柱結構，柱間距有一定的尺寸，譬如兩間（約 3,600）或三間（約 5,400）等等，也就是三尺或六尺。當決定柱間距的距離時，以柱心為中心點去分割，便是柱割（柱割り）。是以榻榻米為主，讓柱子位置配合榻榻米來決定的便稱為疊割（ わり）。

**疊割**

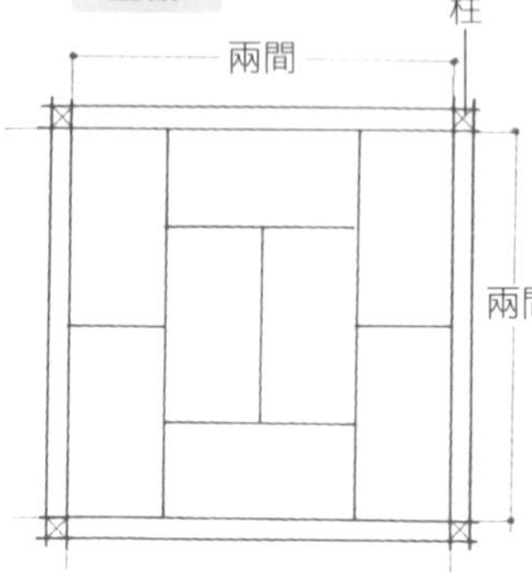


**柱割**

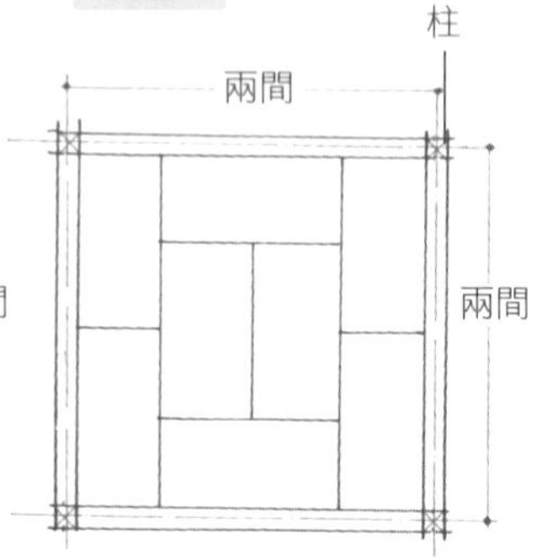


## 吉凶的不同鋪法

鋪設時與床之間平行，讓榻榻米與榻榻米相連處呈現十字的鋪法屬「凶」。聽說從前有不得不在大榻榻米房裡進行的穢事時，會把榻榻米拿起來，重新鋪成凶事時的鋪法。吉事鋪法則是如下圖般，榻榻米與榻榻米的相連處會呈現T型，而非十字。

**吉事鋪法**

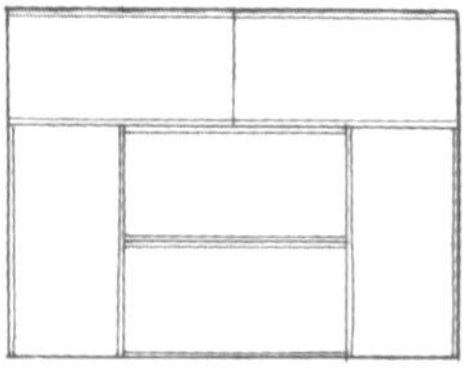

**凶事鋪法**

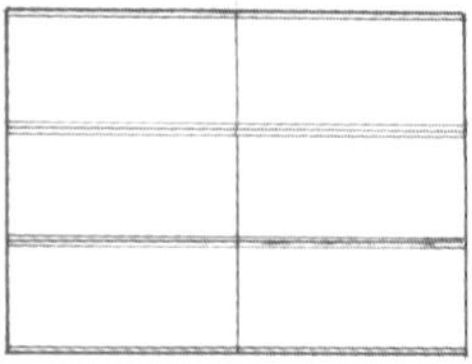

## 疊緣

榻榻米與草蓆或草鞋一樣，都是用藺草編製而成，所以藺草兩端截斷的地方會用布收邊，以免脫落。這個收邊的地方，就叫做疊緣。原則上，疊緣只會存在於榻榻米的長邊，短邊上因為直接把表面藺草收至側邊，不會有疊緣。不過也有像「琉球疊」那樣只有一般榻榻米的一半，四邊都沒有用疊緣收邊的款式。

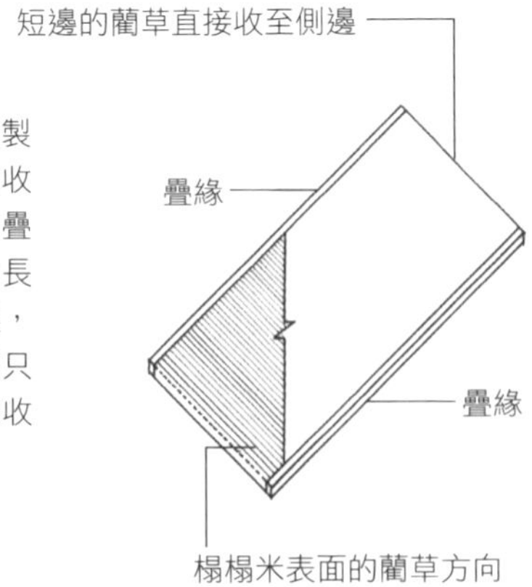


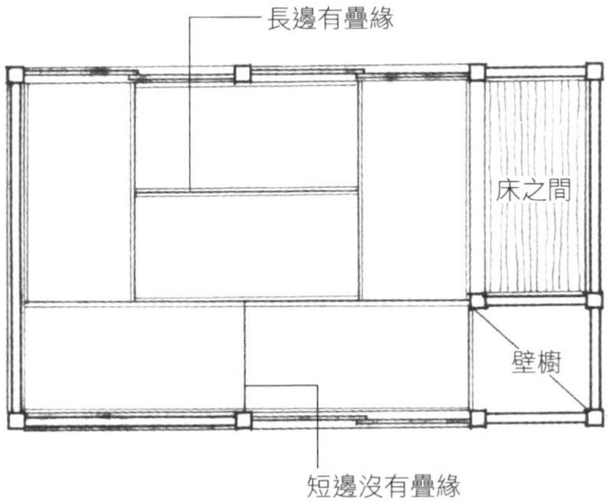


## 刺床（床刺し）

讓榻榻米的疊緣直接呈九十度對向床之間的鋪法，被稱為「刺床」，極受避諱。

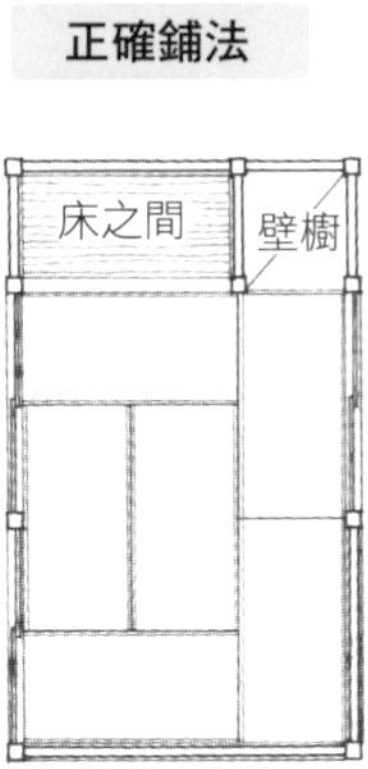


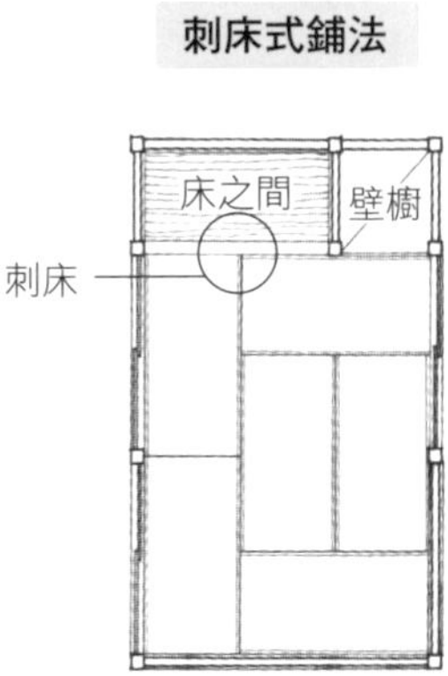

## 03 從榻榻米的大小發想生活情況

俗話說「坐半疊、躺一疊」，讓我們從榻榻米的張數來具體設想一下，相對應的會是哪些生活情況，以此培養出尺度概念。

如果只單純考慮「坐半疊、躺一疊」，兩個人同坐，只需要一張榻榻米，兩個人共寢，也只需要兩張榻榻米。可是實際上睡覺時還要鋪棉被，棉被的周圍也要有能讓人走路而不會踩到棉被的空間，這些空間都要算進去。

像這樣實際想像一下生活景況，再進一步去思考，需要多

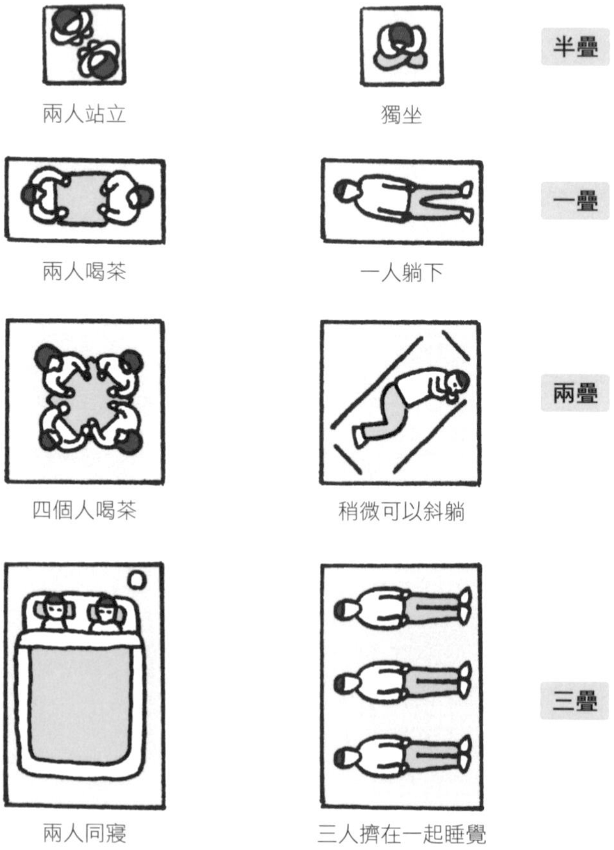

少張榻榻米才能滿足這些生活需求，就會知道你所設想的生活，大概需要多大的空間。

如果實際上剛好就住在鋪了榻榻米的房間，更可以把自己的房間當成基準去設想，這樣對於設計出適切的空間大小應該會有幫助。

四疊

坐三個人外加放
一臺電視

四人同坐還很有
餘裕

四疊半

鋪上寢具，兩人同寢

四個人的客廳

03

**八疊**

正中央可以擺八人桌

兩人有各自寢具，
枕邊跟腳邊還有可以步行的空間

**六疊**

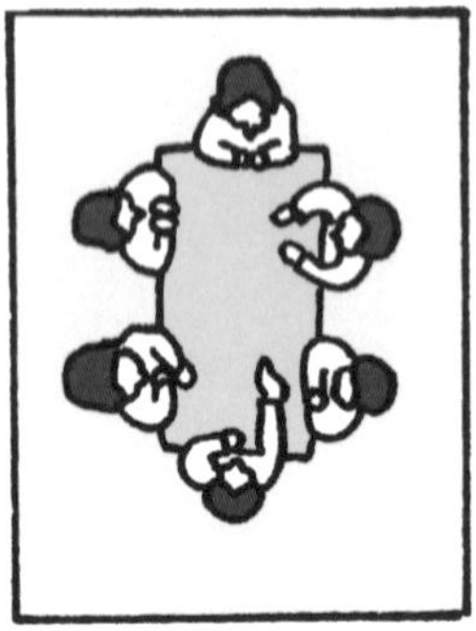

正中央可以擺六人桌

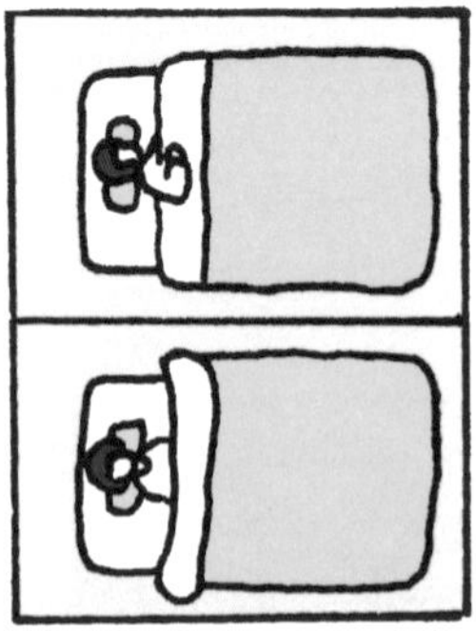

兩人用各自的寢具睡覺

十疊

可在匚字型吧檯提供服務

十二疊

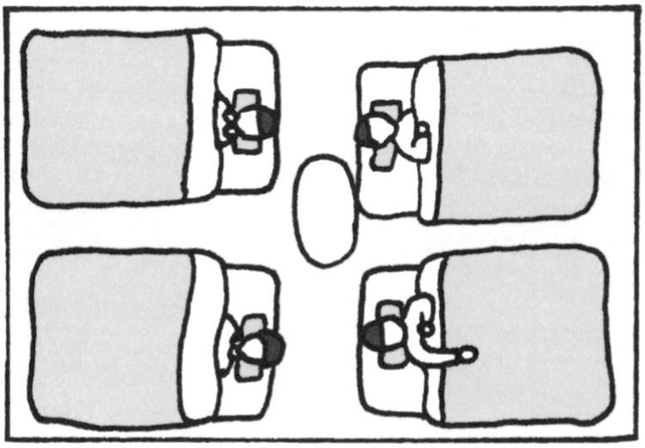

四個人各自鋪上自己的寢具睡覺

# 用榻榻米張數記住「空間片語」

英語裡，幾個單字搭配在一起，便可以組合出不同意義的「片語」。現在讓我們來思考一下，榻榻米的張數與空間機能之間有什麼關連。

舉例來說，一般住家樓梯大概需要兩張榻榻米那麼大。如圖所示，這兩張榻榻米不管怎麼擺都沒關係，這就是我所謂的「空間片語」。

「空間片語」這個字，是我自己（中山）創造出來的字眼。只要知道榻榻米的張數可以對應出哪些空間需求，便可有效掌握住設計住宅時的基本尺寸，譬如廁所需要有「一張榻榻米」的空間，浴室裡有浴缸跟沐浴處，所以是「兩張榻榻米」，像這樣去搭配組合，當成「片語」一樣記下來。

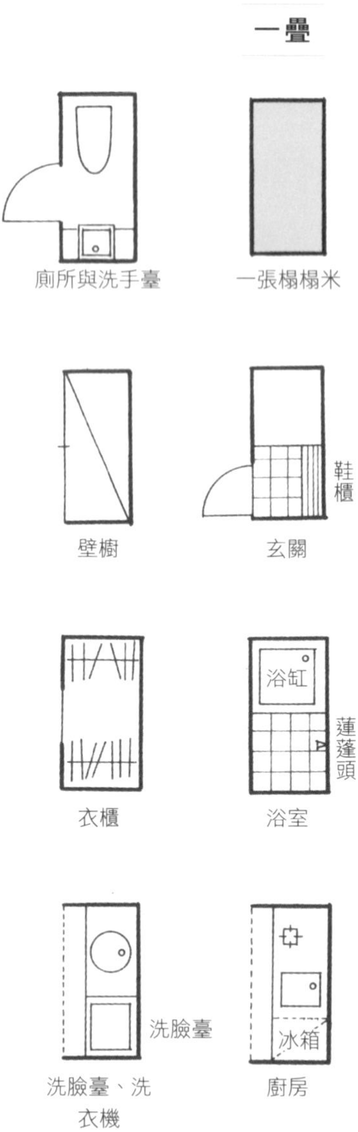

## 二疊

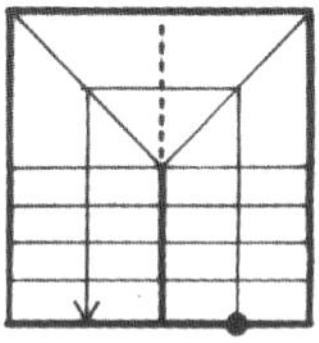

U型梯

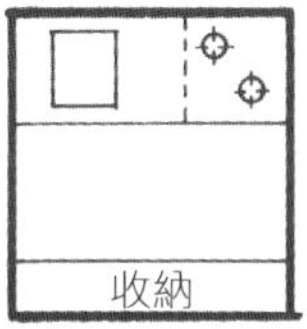


廚房

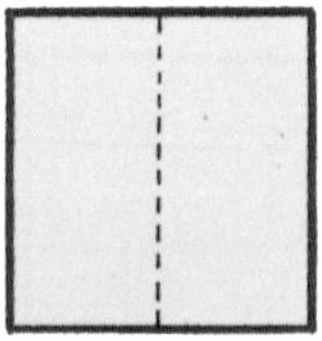

兩張榻榻米（一坪）

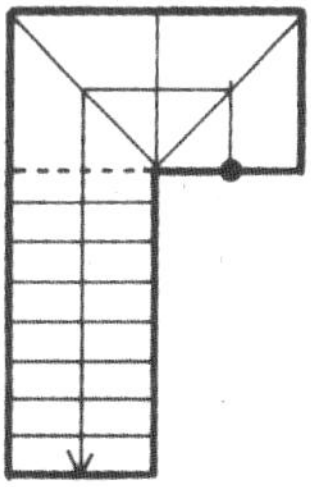

U型梯

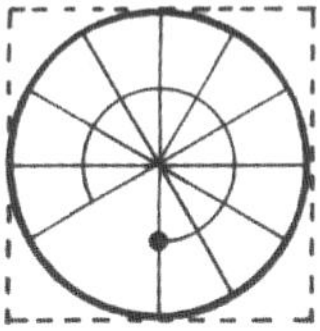

螺旋梯

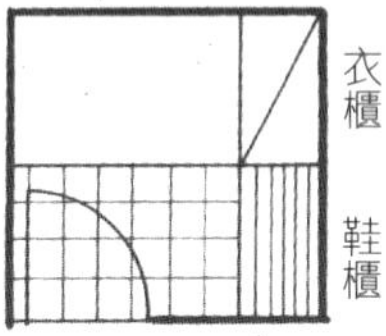


▲ 玄關

L型梯

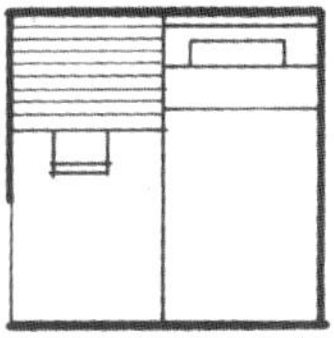

兒童房（單人）

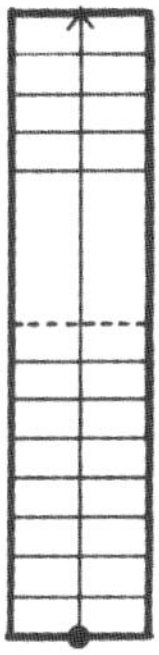

直梯

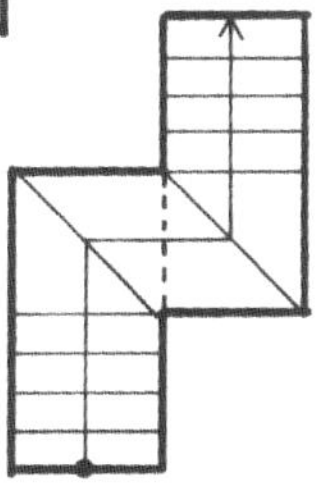

拐角梯

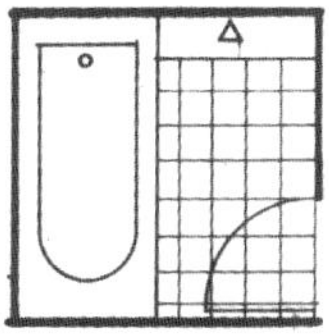

浴室

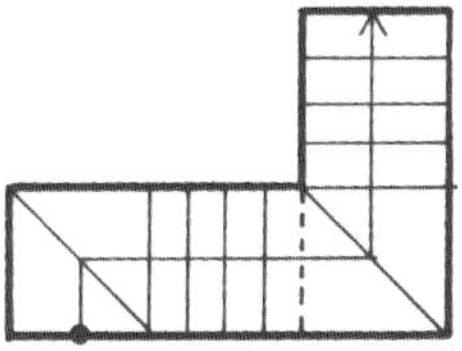

L型梯

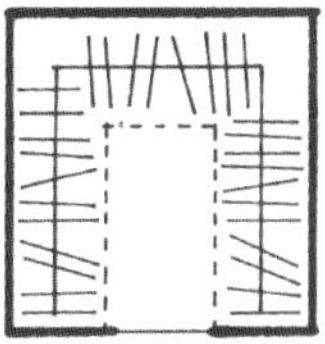

衣櫃

## 四疊

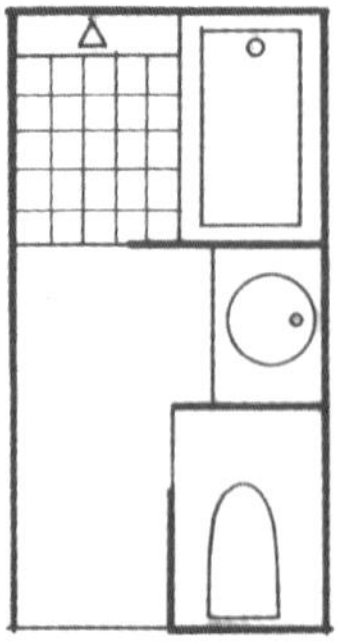
廁所、洗臉臺、浴室

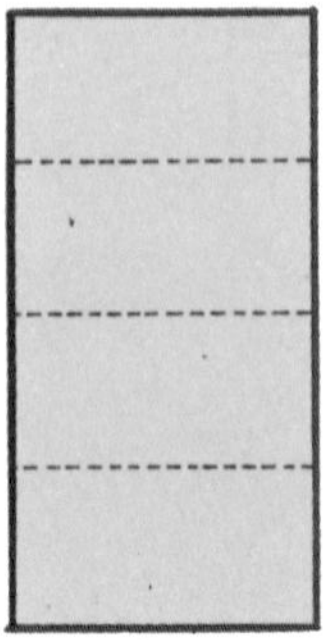
四張榻榻米

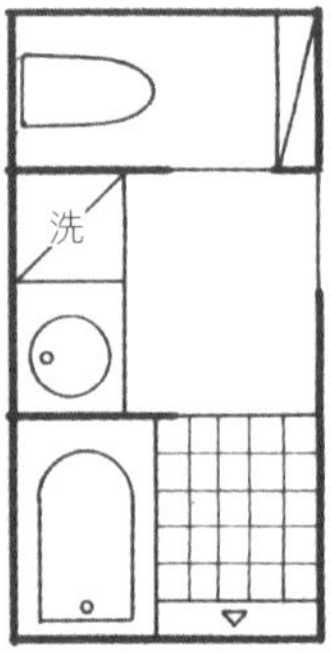

廁所、洗臉臺、浴室

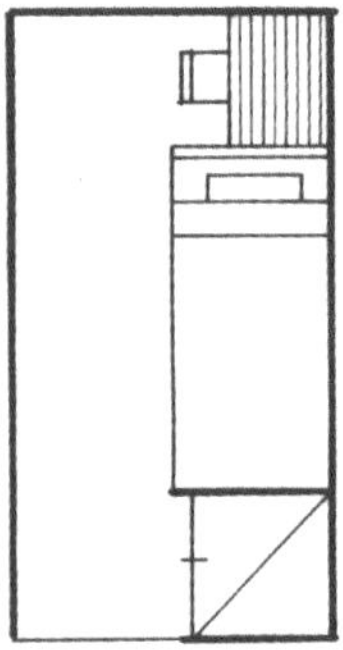
兒童房（單人）

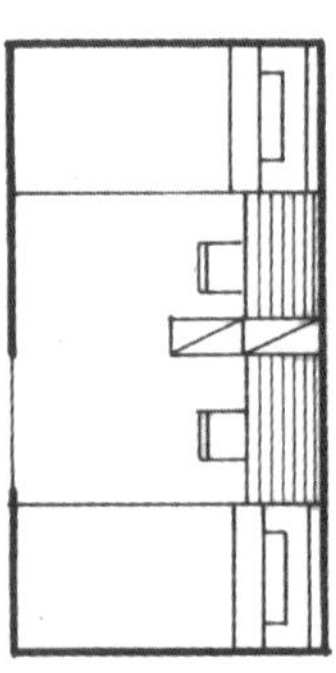
兒童房（雙人）

## 三疊

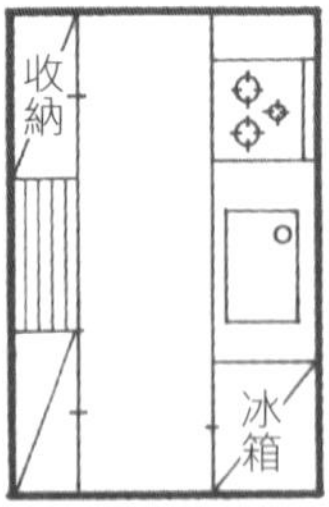

廚房

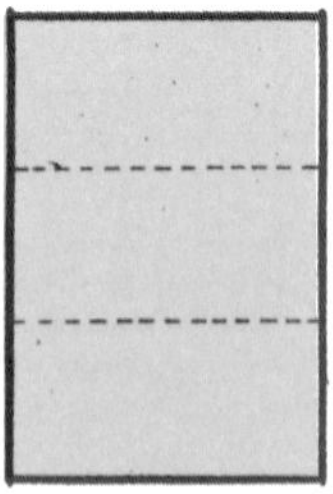
三張榻榻米

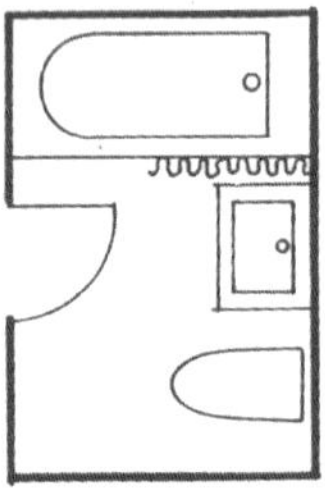
廁所、洗臉臺、浴室

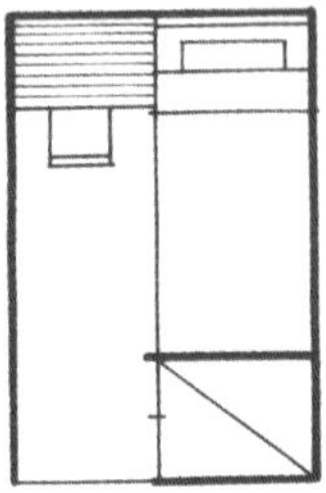
兒童房（單人）

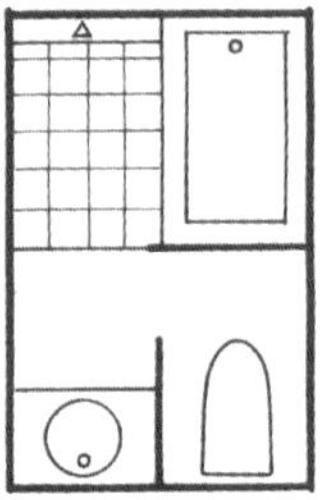
廁所、洗臉臺、浴室

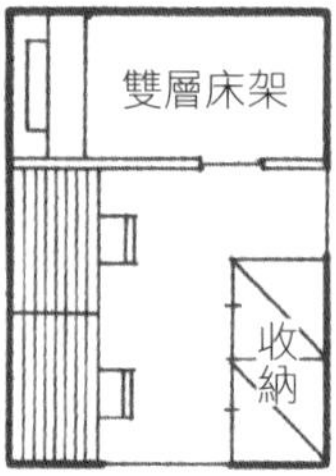

兒童房（雙人）

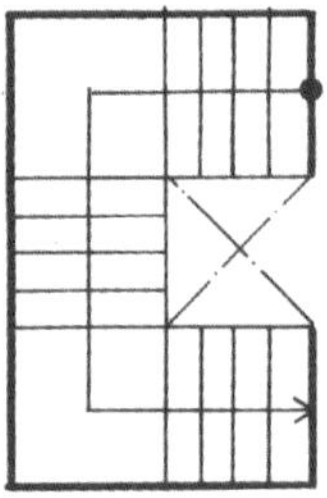
樓梯間

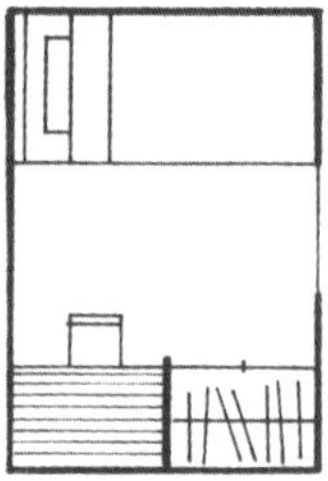
兒童房（單人）

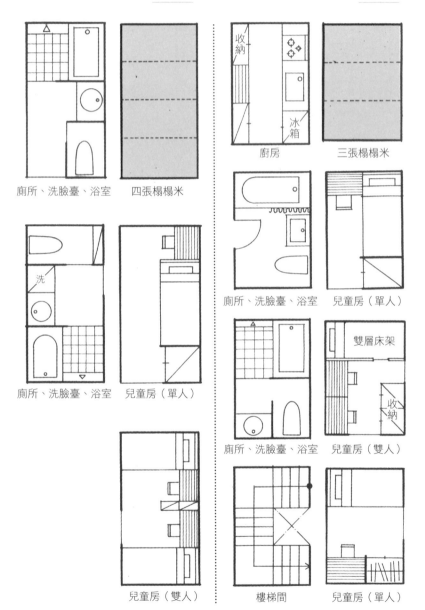

## 四疊半

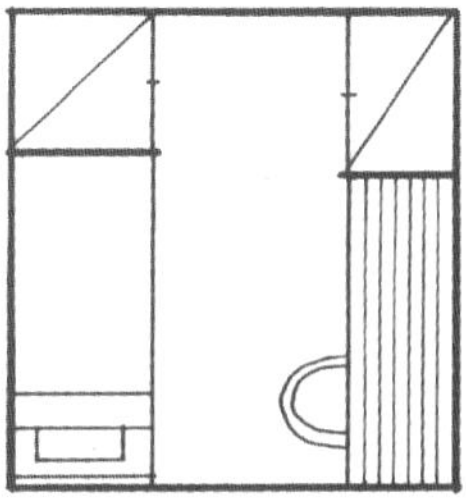

兒童房（單人）

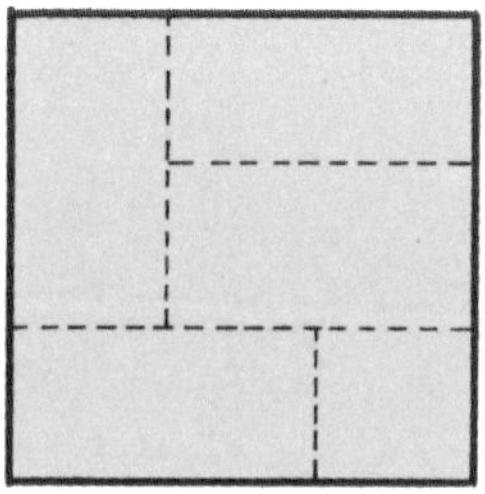

四張半榻榻米

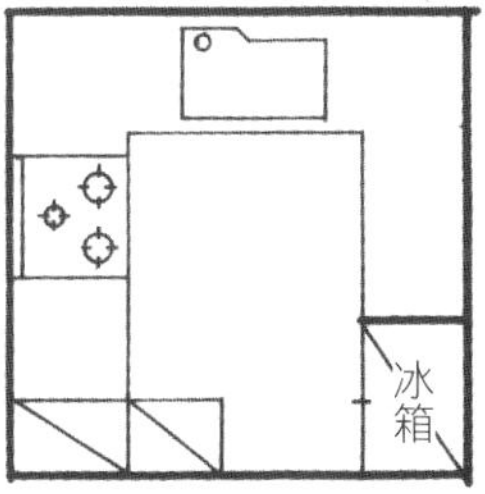


廚房

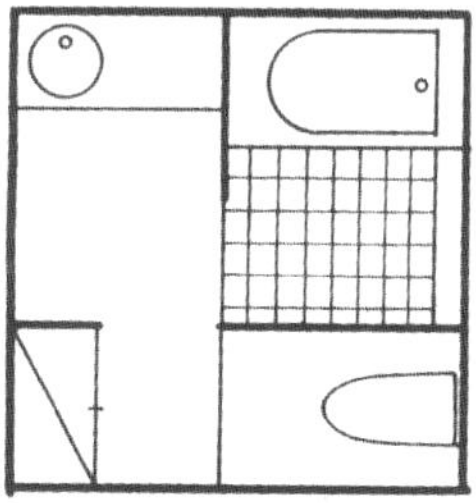

廁所、洗臉臺、浴室

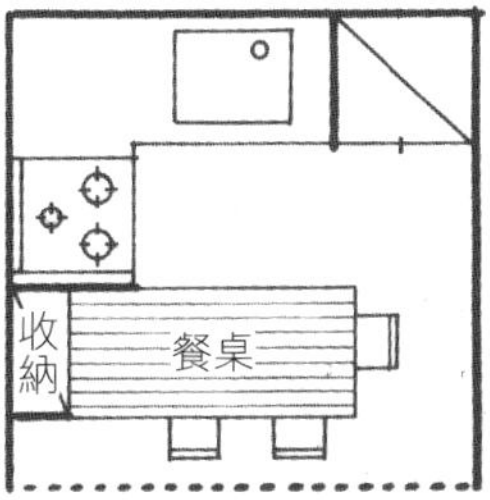


飯廳、廚房

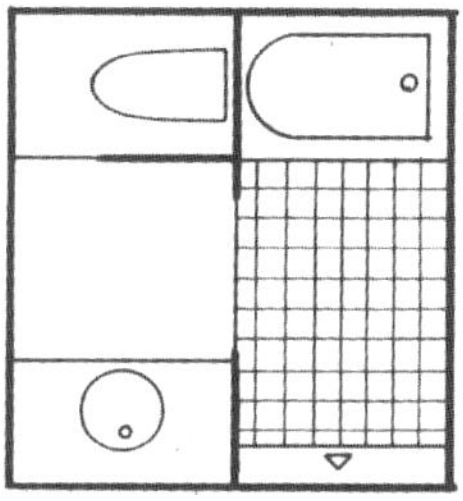

廁所、洗臉臺、浴室

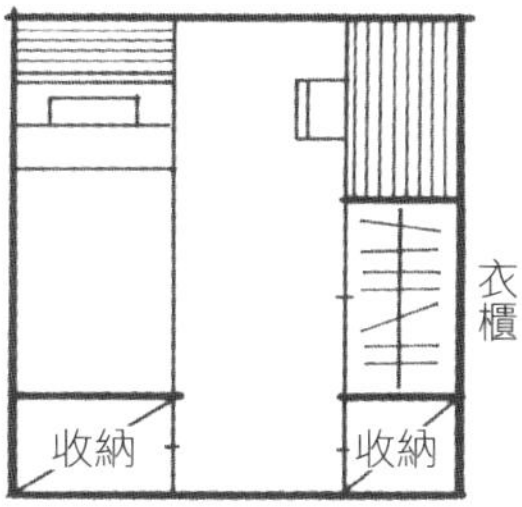


兒童房（單人）

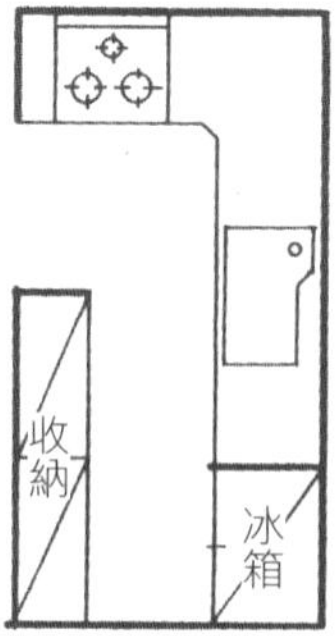


廚房

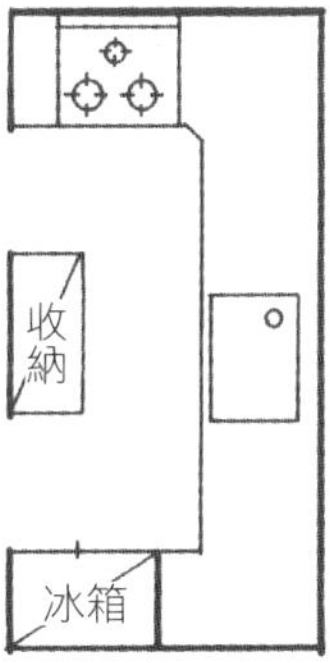


廚房

## 六疊

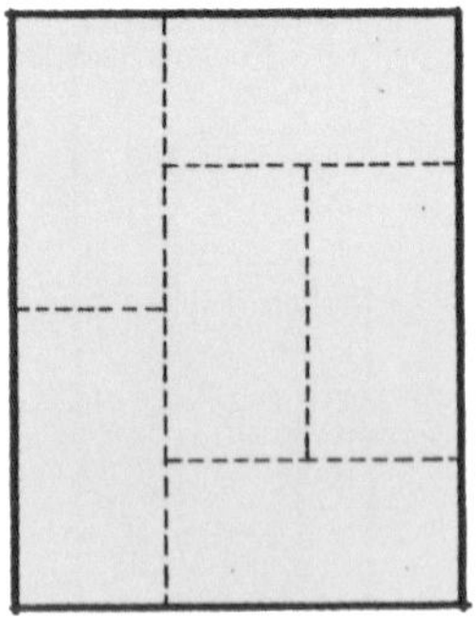

六張榻榻米

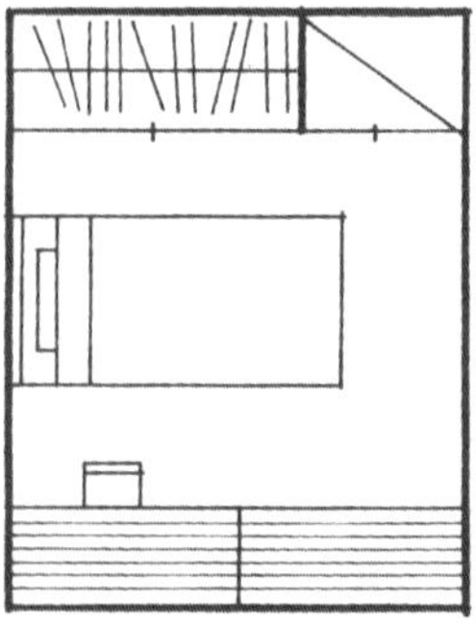

臥室（單人）

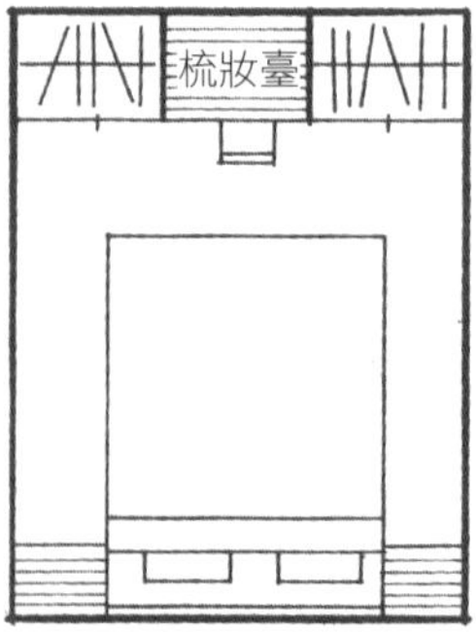


臥室（雙人）

## 五疊

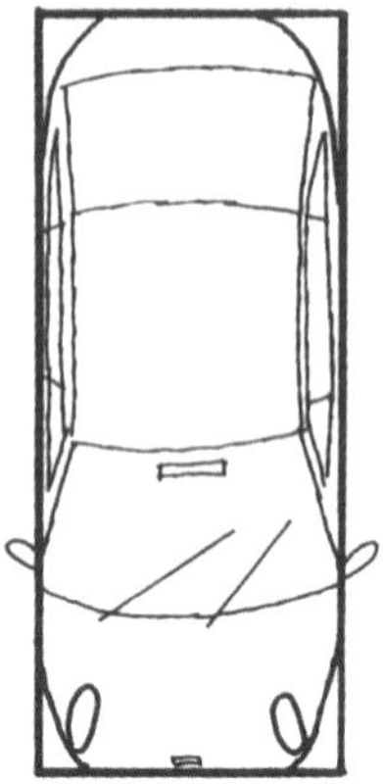

一輛車子的空間

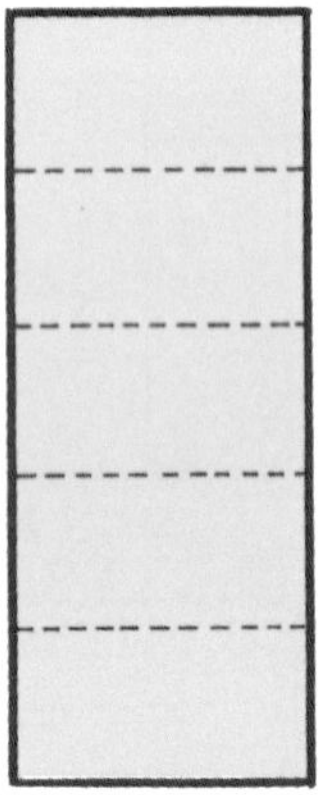

五張榻榻米

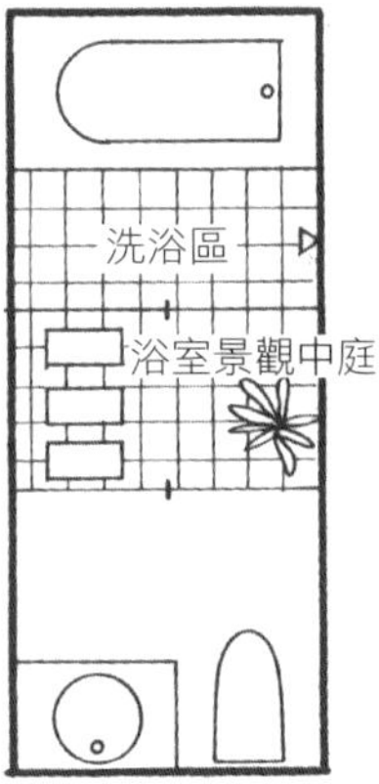


具開放感的
濕式衛浴

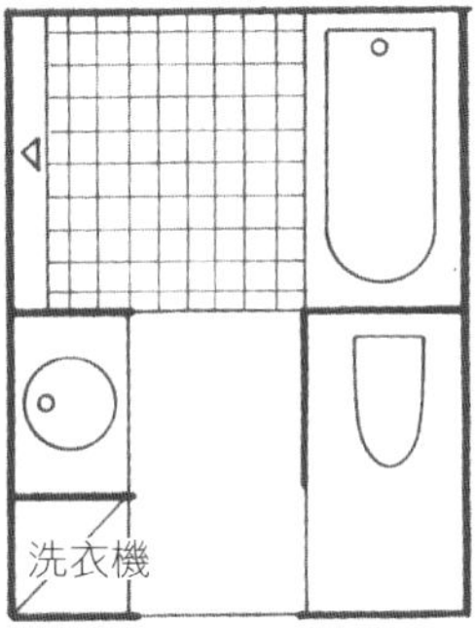


廁所、洗臉臺、浴室

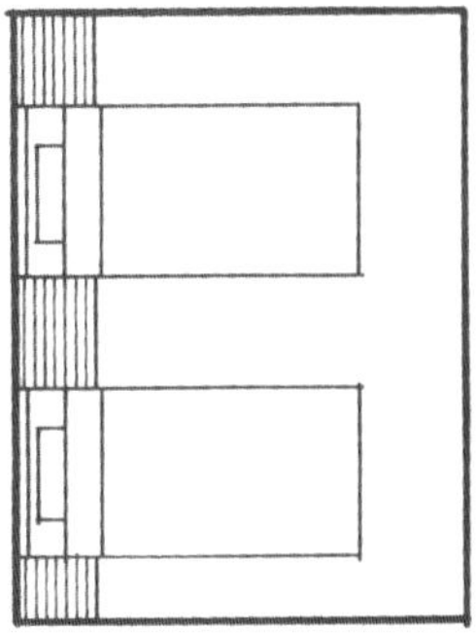

臥室（雙人）

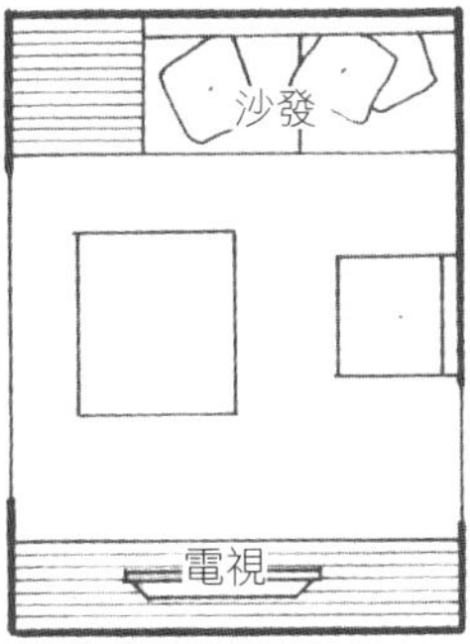


客廳

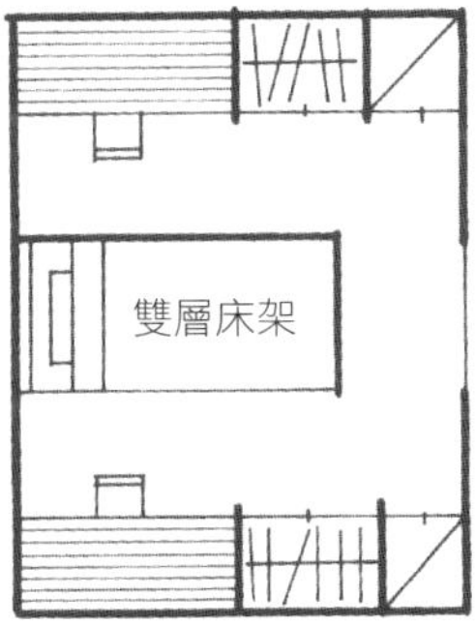


兒童房（雙人）

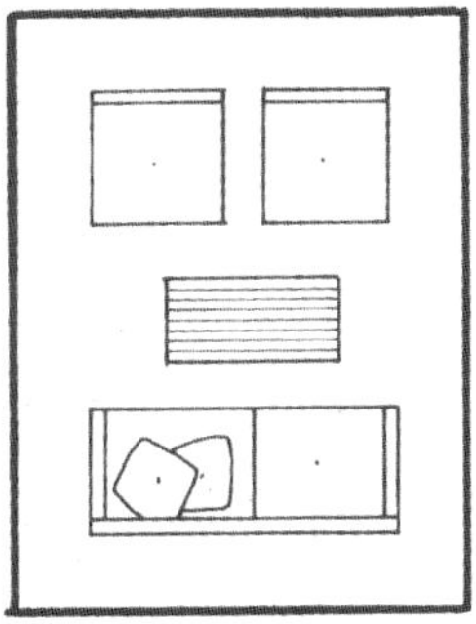

客廳

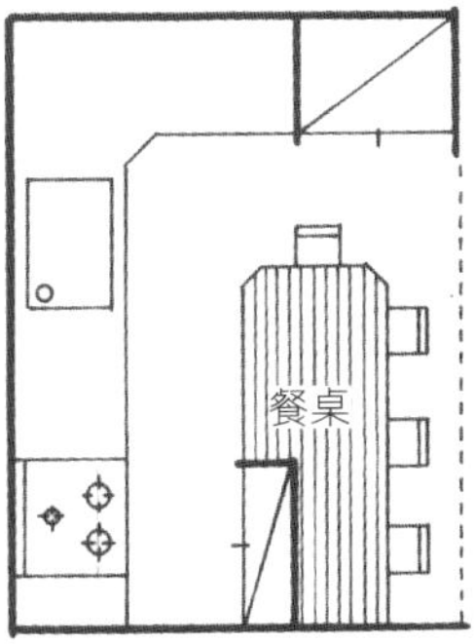


飯廳、廚房

## 八疊

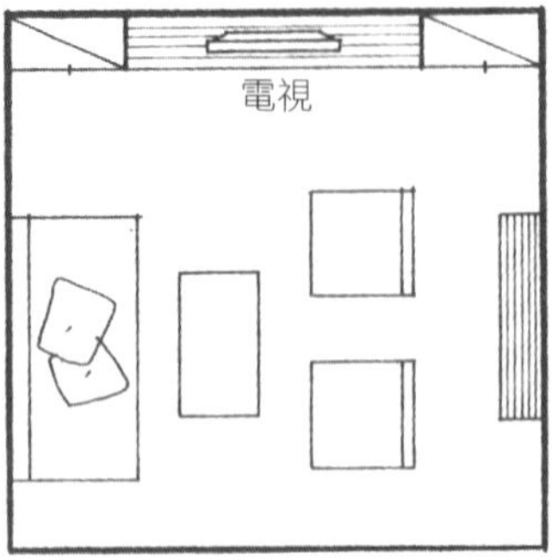


客廳

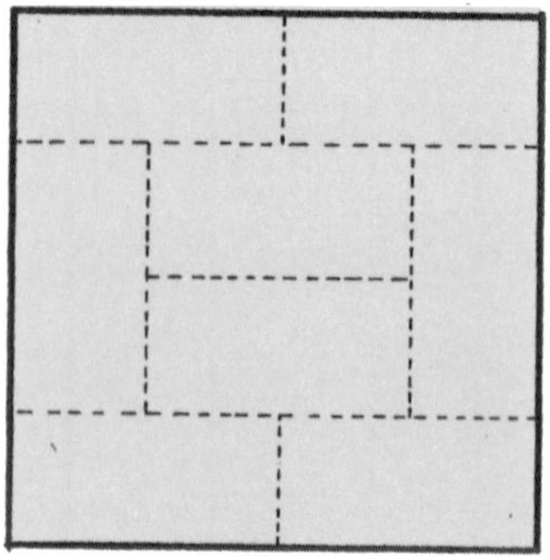

八張榻榻米

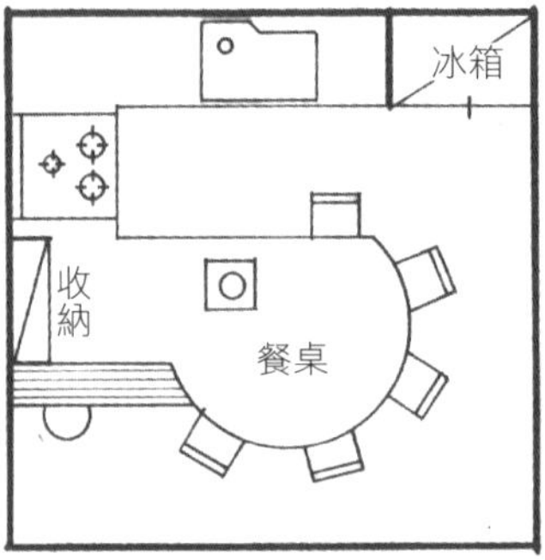


飯廳、廚房

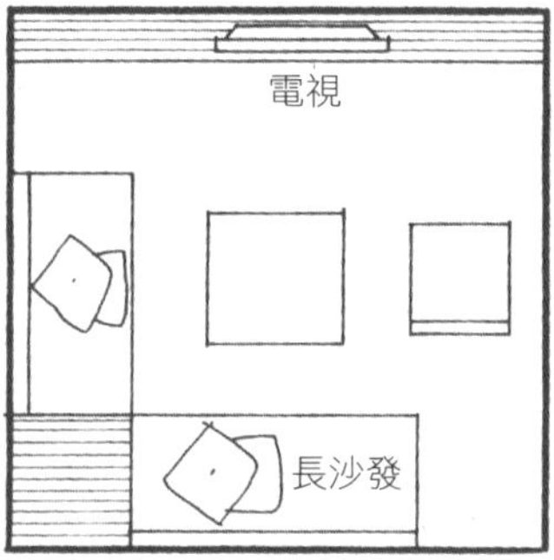


客廳

我在這邊舉的只是一小部分例子，而且並不是說一定就是最佳方案。如果可以，請你創造屬於你自己的空間片語，這樣對於你在空間設計的訓練上一定會很有幫助。

榻榻米的張數愈多，「空間片語」也會無限發展下去，最緊要的，是培養出你對於空間尺度的掌握。

## 十疊

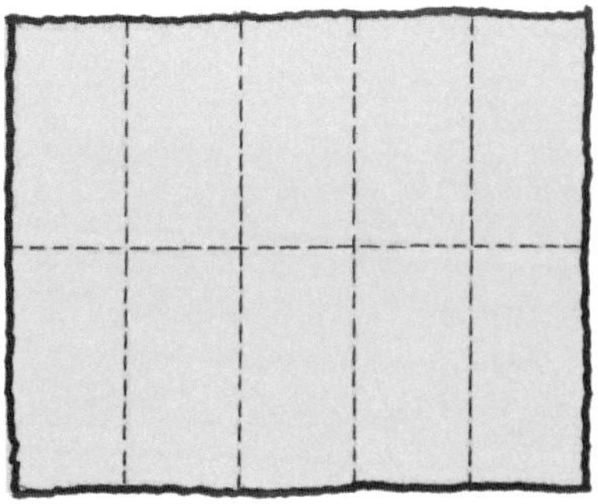

十張榻榻米

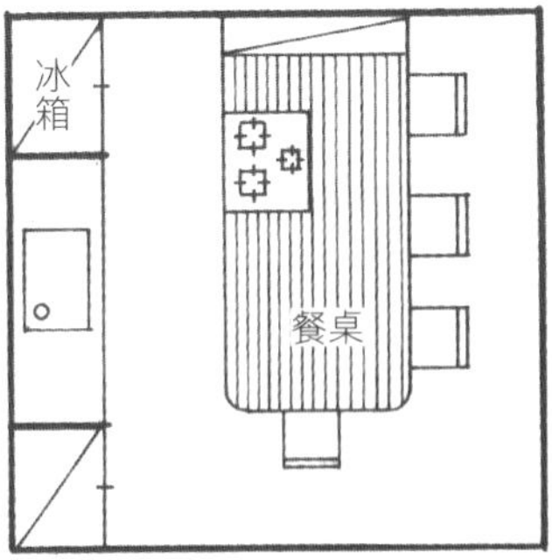


飯廳、廚房

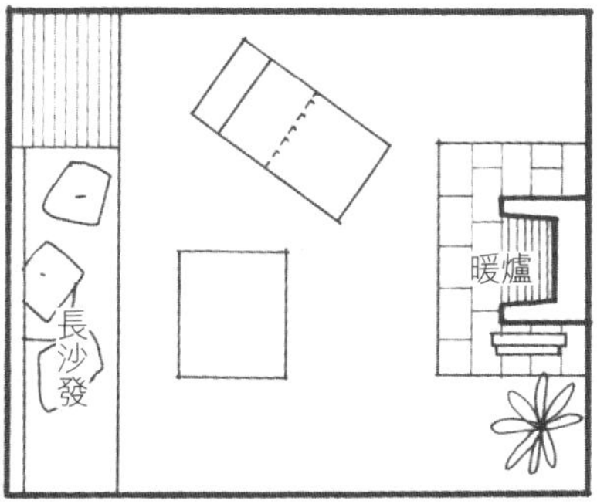


客廳

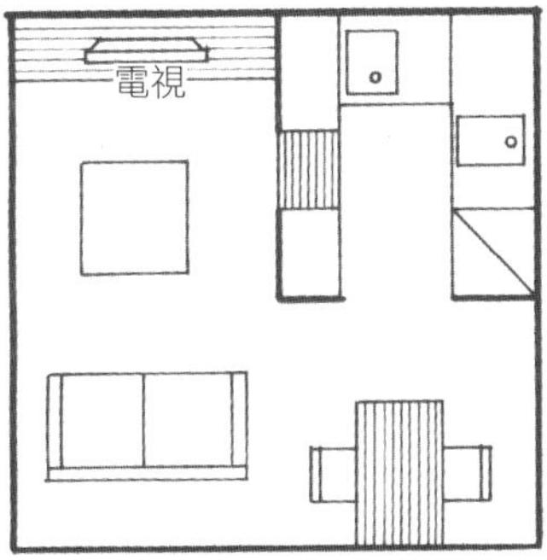


客、飯廳

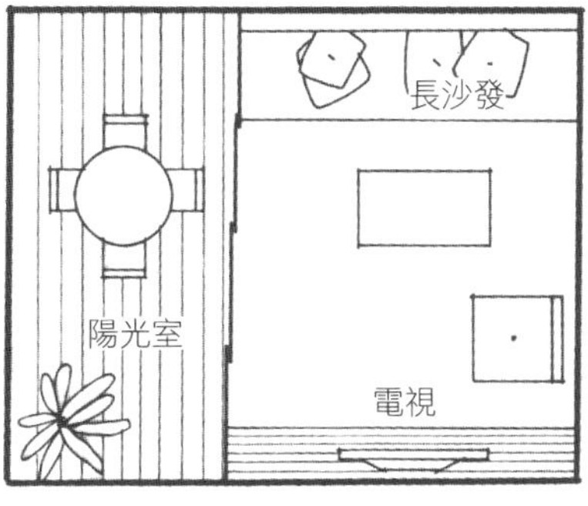


有陽光室的客廳

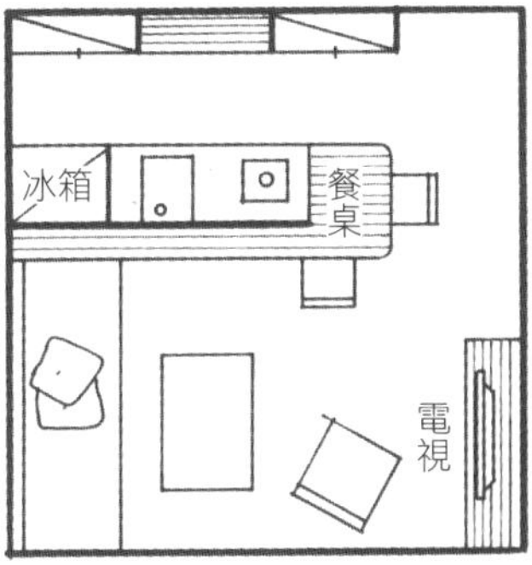


客、飯廳

# 住宅高度取決於行為動作與結構

不用說，建築是種三次元的空間，所以設計時如果不同時思考空間高度與大小，絕對設計不出令人舒適的空間。現在就來介紹我們生活中最熟悉的木造住宅的空間高度與其功能。

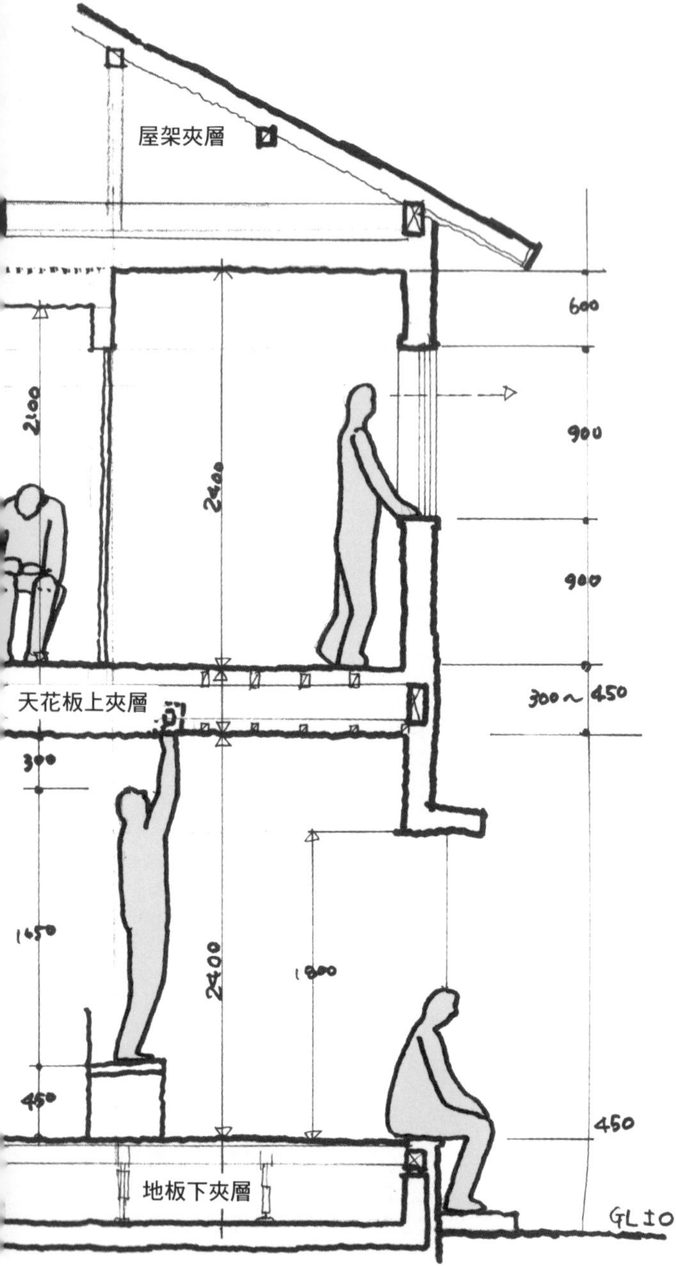

### 屋架夾層

支撐屋頂的木結構空間稱為屋架夾層，分成西式建築的「西式屋架」與日式建築的「日式屋架」。為了支撐排洩雨水的斜屋頂、屋瓦的重量以及大面積的屋頂斜面，底下需要有這個屋架夾層支承。

### 居住空間

室內的天花板高度可視房間大小來決定，大房間就高一些，小房間或許也可以矮一點。一般住宅的天花板高度通常約為 2,400，是站在椅子上就可以伸手摸到天花板的高度。

### 天花板上夾層

位於一樓與二樓之間這個所謂「天花板上夾層」，是個結構上的必要空間，裡頭搭建了支撐二樓地板的桁梁等等。為了藏起這些桁梁與樓地板，會在一樓的上方搭設天花板，而這個天花板內的夾層空間也用來嵌入燈具、冷氣與換氣扇等設備，同時它也是隱藏電線等配管、配線的空間。

### 地板下夾層

日本的木結構，特徵在於架高地板與屋架結構。由於高溫潮溼，地板被抬高，以便讓地板下有空間通風換氣。另外，由於生活中習慣脱鞋入屋，地板的高度通常也設定在便於緣廊等處坐下的高度（約 450 毫米）。

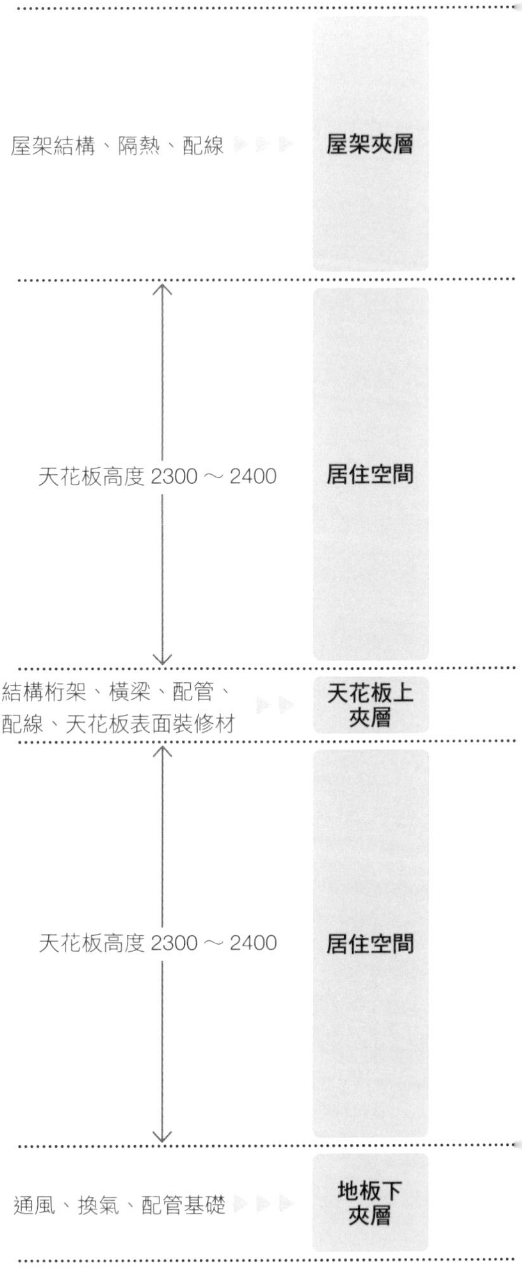

# 一輛車約等於幾個人打開雙手長？

雖然每天看、每天搭，可是還是有很多人不知道一輛車到底有多大。很多人恐怕也設計過勉強可以把車開進去，但卻沒辦法打開車門的車庫。這種失誤出自不熟悉車輛的尺寸，跟不清楚人體尺度而設計出無法進出的廁所一樣。

以一般汽車來講，車寬大約是「媽媽打開雙手的寬度」（約1600毫米）、車長則是「爸爸跟媽媽、小孩手牽手的長度」（約4300毫米），這樣記得應該就沒問題了。

〈這裡提到的家族身高〉

爸爸：1700～1750毫米

媽媽：1600～1650毫米

小孩：900～1000毫米

還有不要忘了，車子還要打開門跟拿東西、放東西，所以車庫一定要比車子大上一倍到兩倍才行。

一般汽車的車長＝爸爸＋媽媽＋小孩的身高＝約 4,300

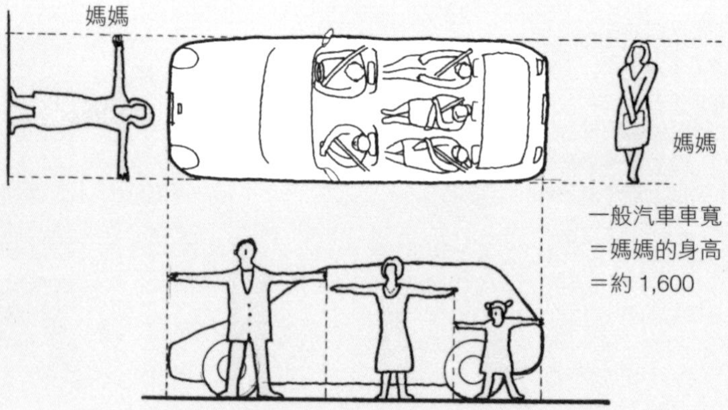

## 車輛大小（一般汽車的情況）

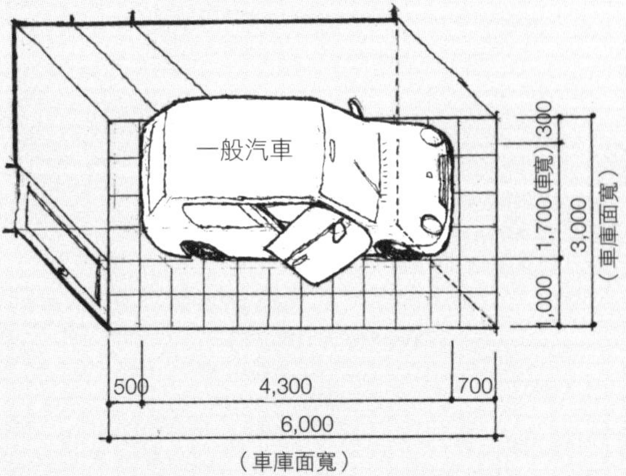


## 兩側開門的車庫大小

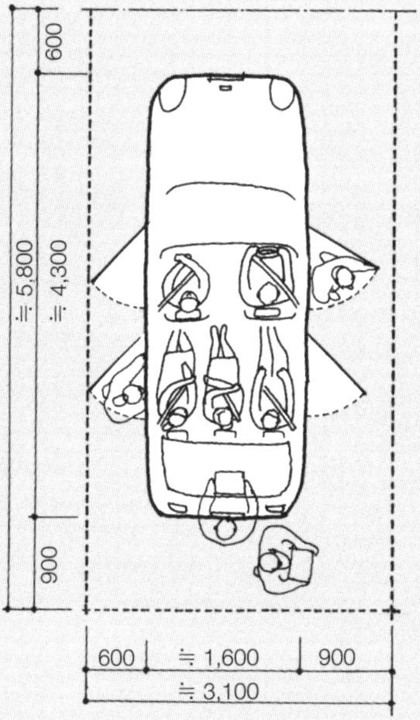


## 單側開門的車庫大小

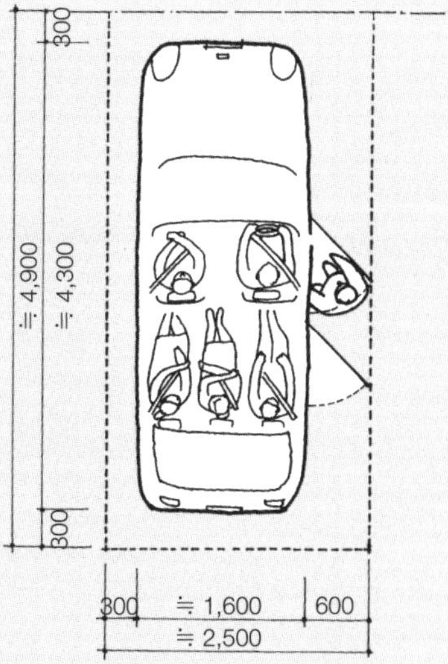

04

# 利用空間片語來設計住宅

# 如何設計玄關？

玄關在我們日常生活中，是上班、上學時的出入口，是收信、收包裹的地方、是招呼來訪要客之處，有很多不同用途，是使用頻率很高的空間。玄關還是別人初次來家裡時最早看見的地方，也是決定別人對於我們、對這個家庭環境第一印象的重要空間，所以不但要能滿足機能需求，還要像客廳一樣，能夠代表一個家庭的顏面。玄關入口必須要能符合住家規模的大小，還要有適當的收納空間以免雜亂。

讓我們先來想一下玄關要能

傘架 ＋ 玄關入口處、通道 ＋ 鞋櫃＋擺飾櫃＋外套吊掛處

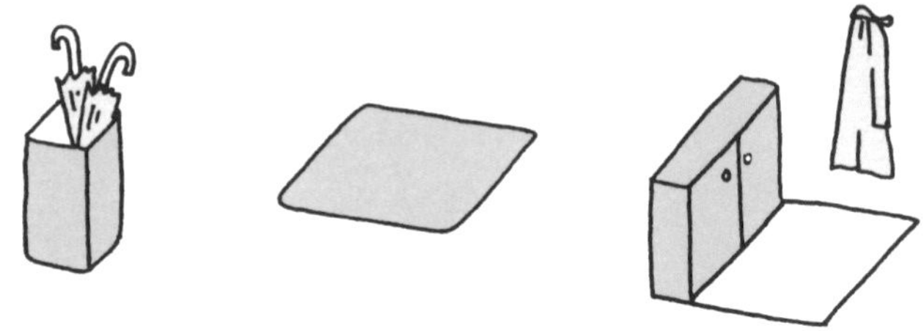

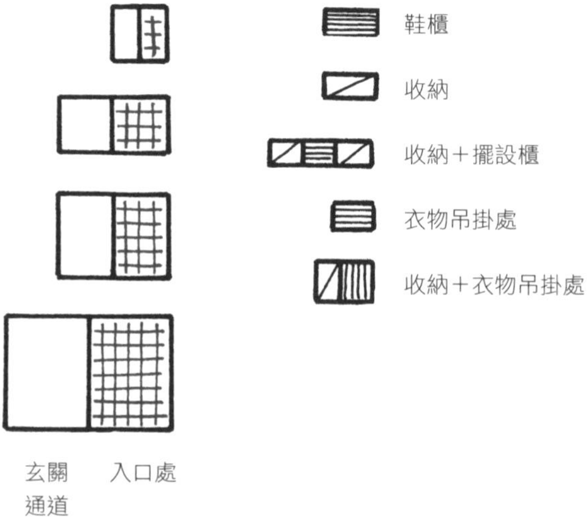

收納些什麼。日本人進屋時習慣換穿室內鞋，所以鞋櫃大小必須取決於一個家庭裡有幾個人、每個人有幾雙鞋。另外像是下雨天回來時要掛濡濕的外套，有時還要擺高爾夫球袋、滑雪板，如果玄關也有收納這一些非日常用品的空間，那就更方便了。

再進一步來說，剛進門換穿鞋子的地方跟玄關的通道寬度，也與家庭人數有很密切的關係。這些都可以用你自己住過的空間、用自身的經驗來評估一個空間太大或太小。同時也請回想一下，你在玄關時會有哪些行為，要滿足這樣的行為需要多大的空間、收納空間是否足

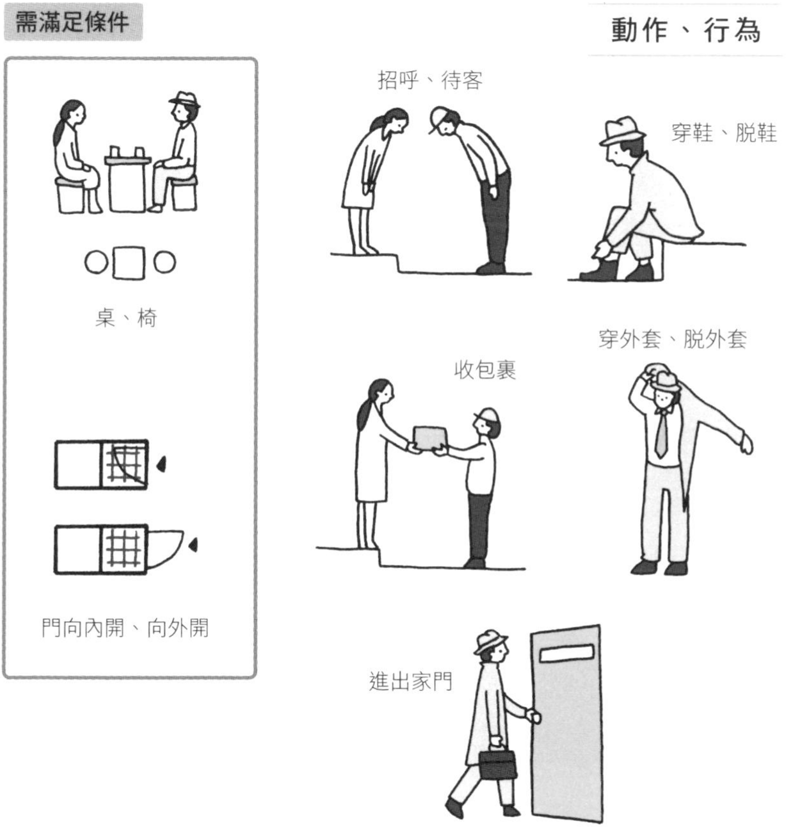

## 「玄關」相關空間片語

**PLAN 1**

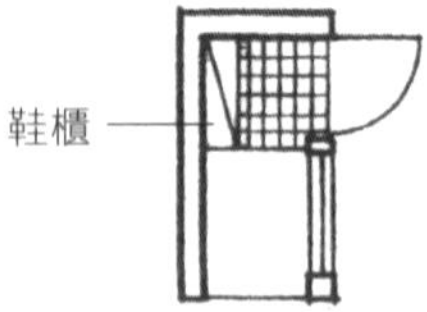


**PLAN 2**

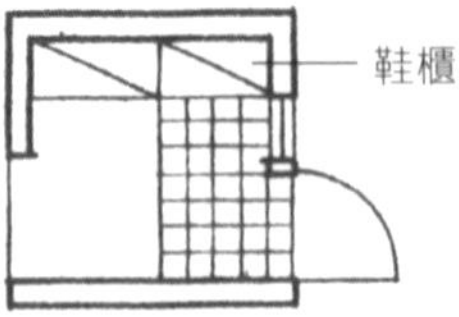


**PLAN 3**

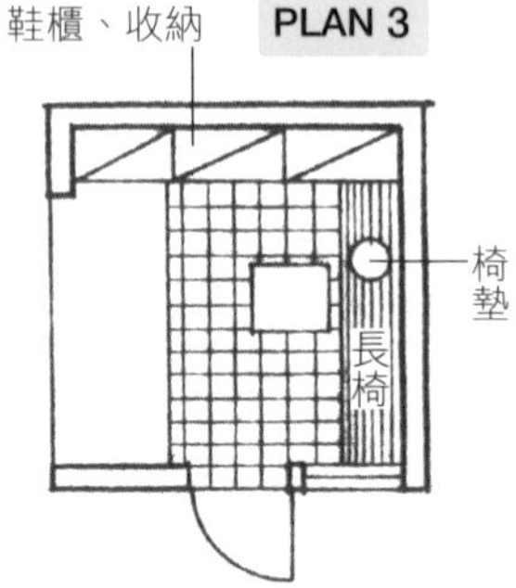


**PLAN 4**

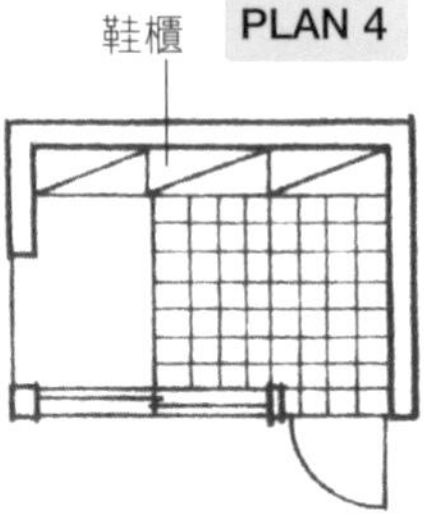


**PLAN 5**

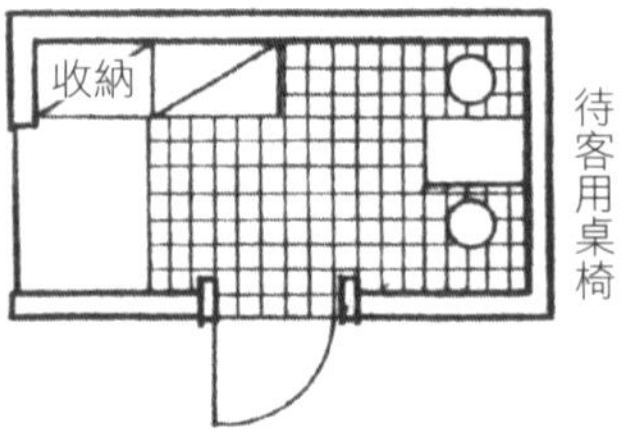


S ＝ 1：100

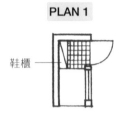

## PLAN 4 透視圖

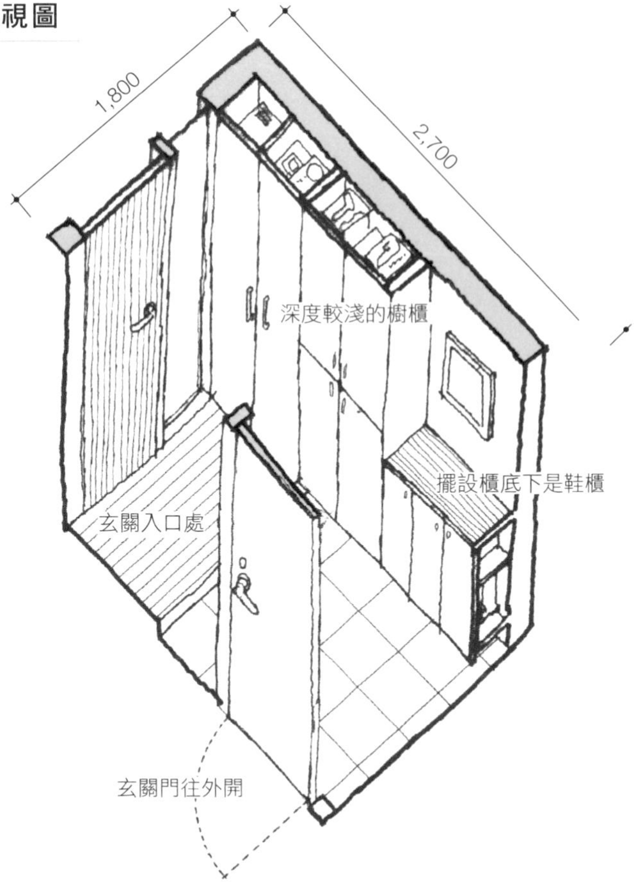


夠？檢討這些需求，便是設計。

這樣子設定了幾個條件、考量之後，就會出現幾種方案。

「PLAN 3」是在門口還沒有踏上室內地板的地方，放置桌椅的方案。「PLAN 4」是很尋常的玄關，但也盡力配置了深度較淺的櫥櫃。

「PLAN 5」試著在玄關弄出一個小會客區，擺了一套小桌椅，如果有什麼客人來或有什麼東西要簽名時就很方便，也會讓人對這戶人家的住居產生良好的第一印象。至於玄關入口與架高地板之間的高差要多高、是否要設計無障礙空間等，都請考量每個家庭未來的需求做出判斷。

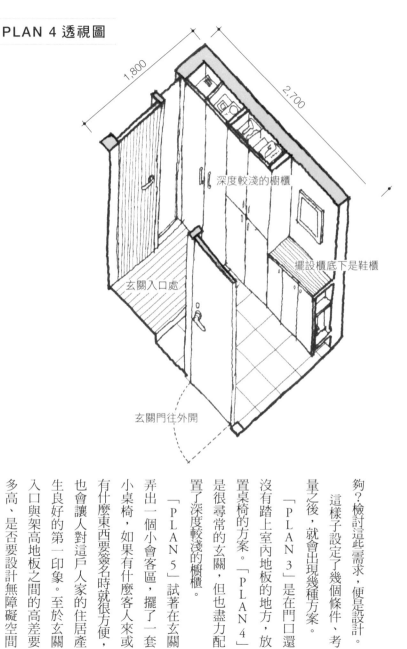

# 如何設計客廳？

在住宅中，「客廳」可能是與飯廳、廚房一樣受到重視的空間了。它是家庭裡的公共空間，是全家團聚的場所，也是待客、看電視或者聽音樂的地方。從前大家會圍著地爐或暖桌，全家人聚在一起聊天，但現在家庭裡的中心已經被電視取而代之了。從珍惜家族團聚的觀點來看，或許沒有設計電視擺放空間的客廳提案也很值得討論。

客廳裡的必備家具，當然少不了一套沙發。沙發的種類裡，可當成簡易床組的訂做式固定

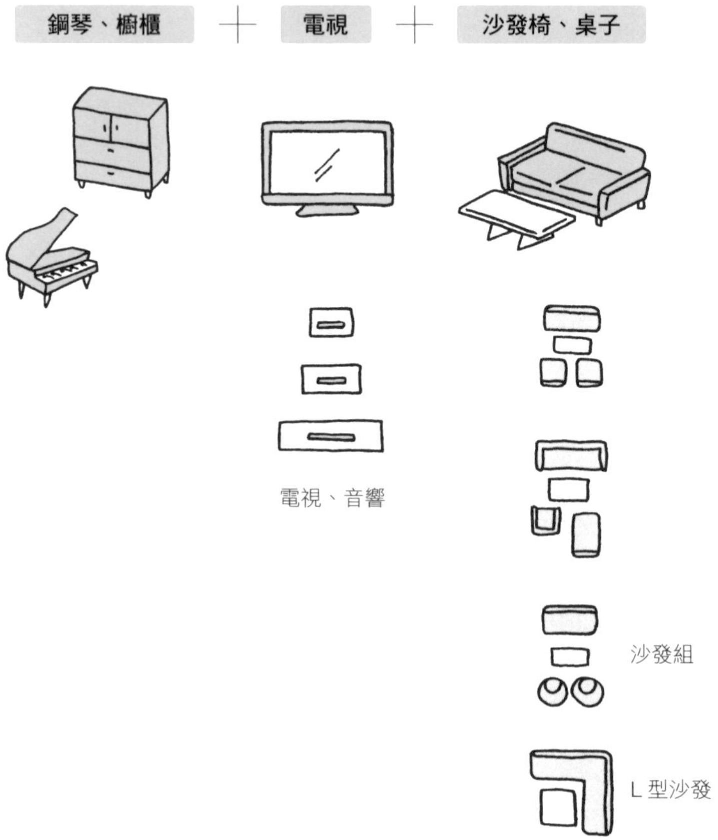

沙發躺起來更輕鬆、更舒服。至於把聽音樂、看電視當成興趣的人，恐怕也少不了要一張活動躺椅吧。其他還有兼具了收納機能的電視櫃，有些家庭還會擺放鋼琴或風琴等。

對被電視奪走了主權的家庭來說，幫他們設計一個暖爐成為家庭的新中心，或許是個好法子。火焰能吸引人的注意力，大家看著火光搖晃，心情舒坦起來，聊得也更起勁了。

客廳裡的椅子如何擺放很重要，必須看主要需求來配置。如果希望能接待客人或進行家庭對談，「PLAN 4」這種採取面對面式的安排或許比較妥當。但像「PLAN 2或3」

**需滿足條件**

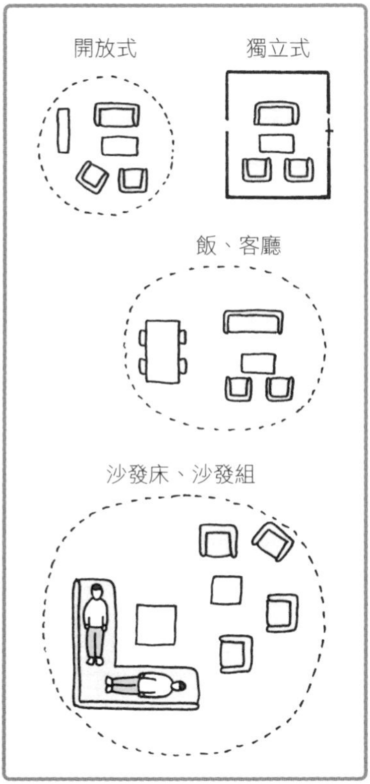


**動作、行為**

休息、放鬆

團聚、交談

看電視、聽音樂

## 「客廳」相關空間片語

PLAN 1

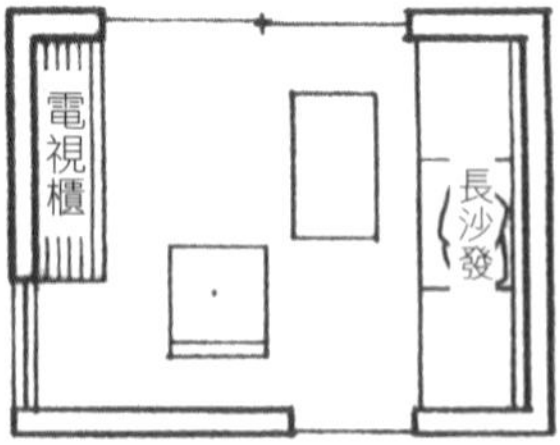


PLAN 4

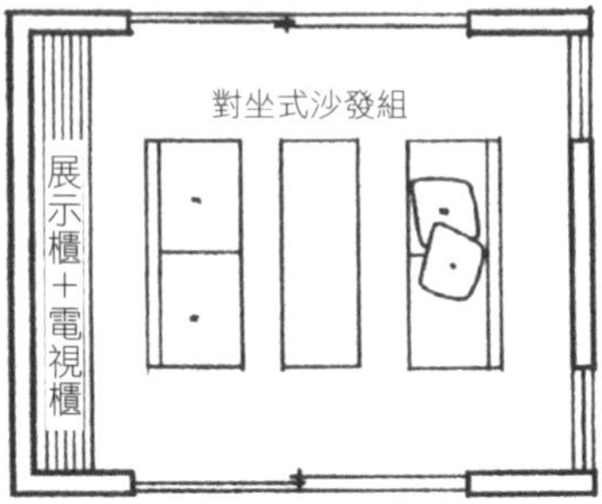


PLAN 2

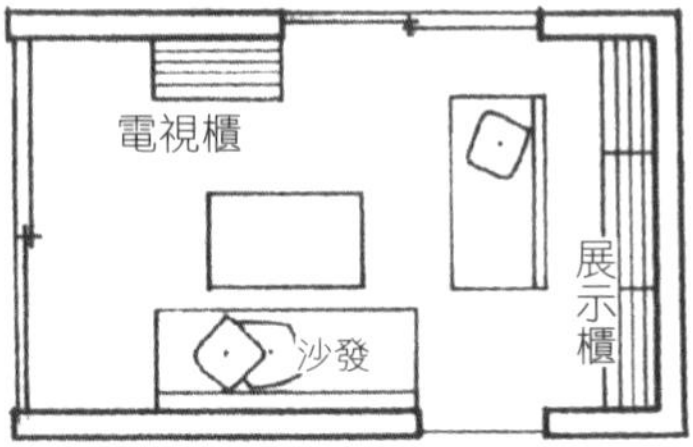


PLAN 5

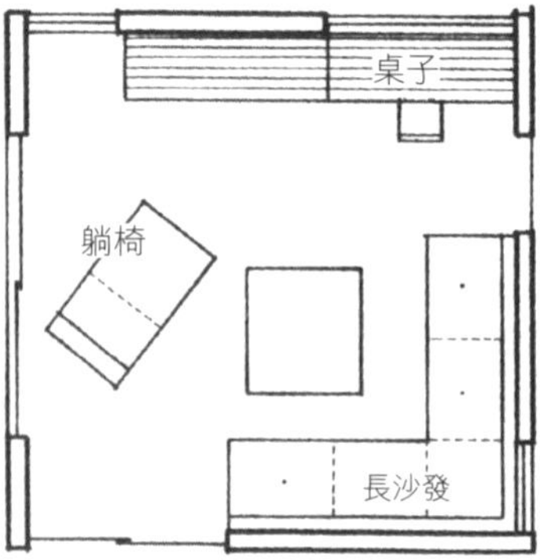


PLAN 3

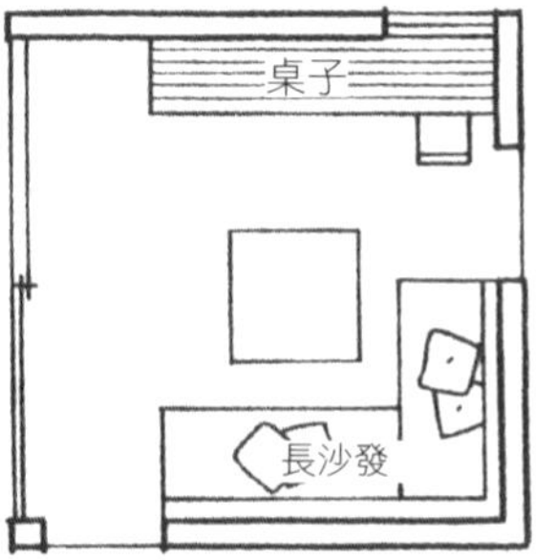


S ＝ 1：100

## PLAN 3 透視圖

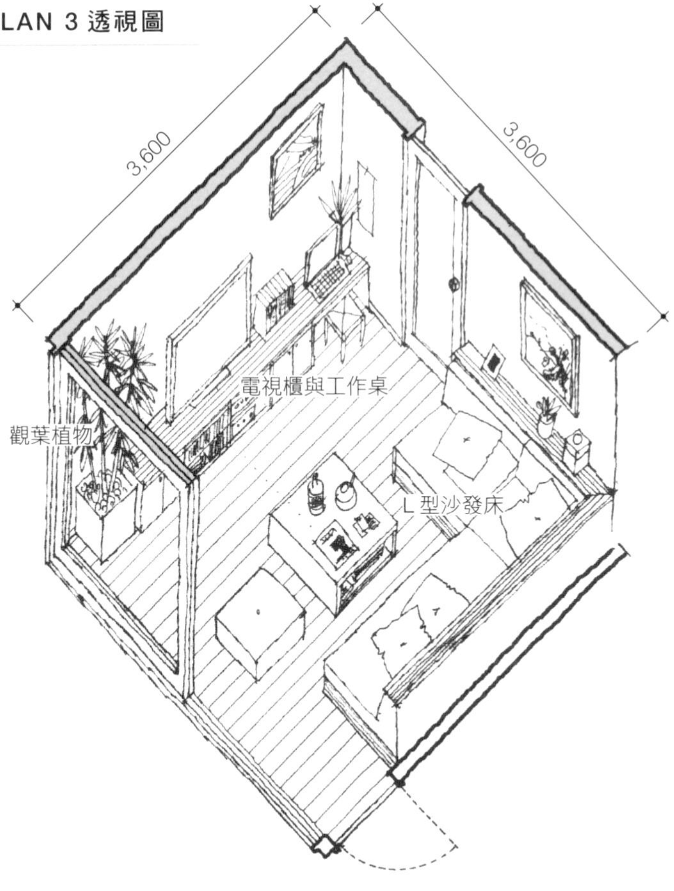


的L型配置，則給人感覺比較沒那麼拘謹，或許更有助於輕鬆聊天。

此外，人類本能上被認為喜歡靠著牆坐，會比較安心。訂做式的牆邊沙發不但能當成椅子用，也可以當成躺椅或給客人睡的睡鋪。非常多功能，很方便。

# 如何設計廚房？

配置類型 ＋ 冰箱 餐櫥 電器用品 ＋ 流理臺

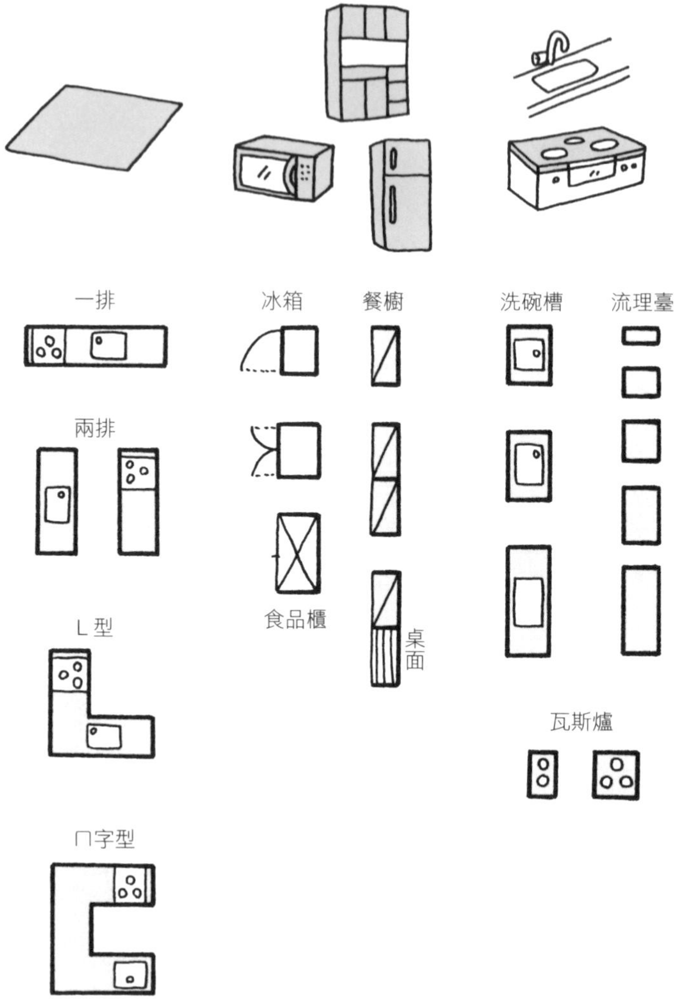

廚房是住家裡頭，集中了最多生活中需要用到的各種機器類器具的場所，而且由於使用頻率高，為了減輕家務勞動負擔，必須要把各種器材配置妥當，並規劃良好的作業動線。

首先，來考量廚房裡必備的機器設備、流理臺、洗碗槽與廚爐。再來，還要有冰箱與擺放餐具的餐櫥，還要考慮到電子鍋、微波爐、烤吐司機等等的擺放空間。

另外，料理時有一定的步驟，要洗、要切、要煮、要擺盤等等，因此料理機器必須要擺放得能滿足這些行為的流暢需求。

此外，料理步驟與機器配置雖然重要，從作業效率方面來

## 高效率的料理流程

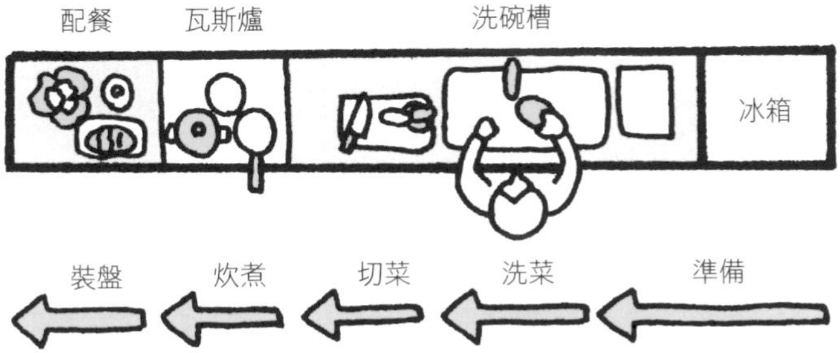


## 高效率的動線安排

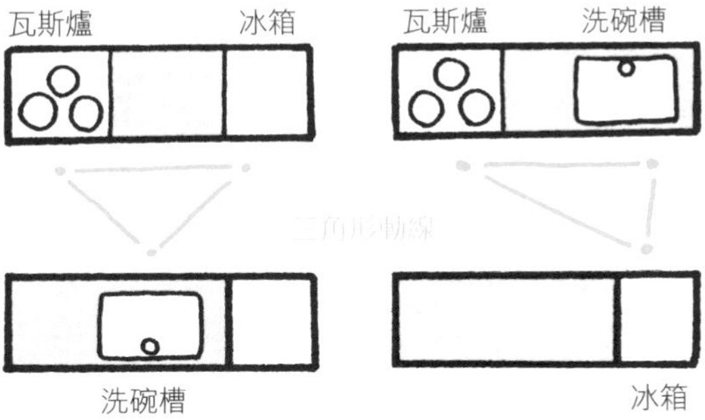


**做菜時的三角形動線，總邊長愈短，效率愈高**

## 廚房用品需滿足尺寸

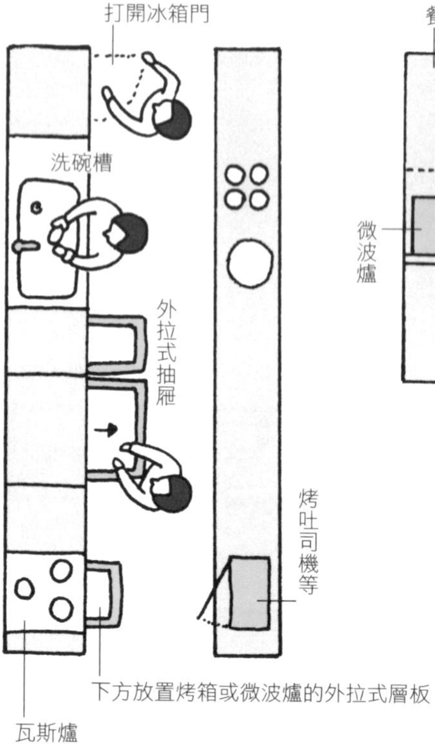


## 廚房裡的基本動作

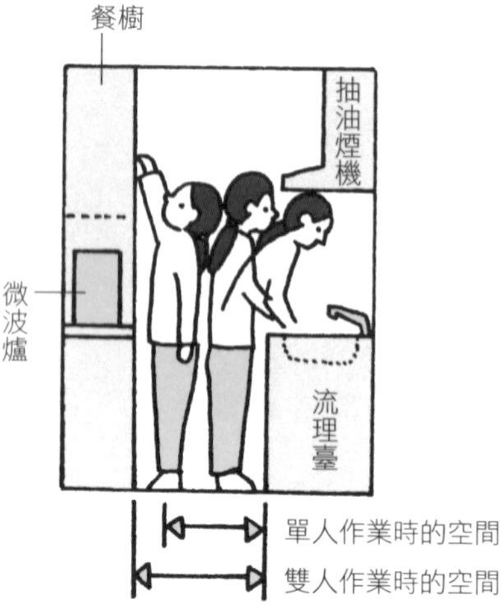


說，料理器材與餐具的收納空間卻更為緊要。

流理臺與機器的高度，會深深影響到作業時的疲憊度。請記得，「流理臺的高度」大概是「身高的一半」，深度則是手觸碰得到的距離，大約為600～650。

上方吊櫃及餐櫥的高度，也會跟使用者的身高密切相關，請以自己的身高為基準，實際伸出手，去感受一下櫃子的高度與身體尺度之間的關係。當然，重的東西要放在「下面」、輕一點的則擺在「上頭」，像這樣實際考量收納物品的大小，進一步去設計空間距離。另外像冰箱、櫥櫃門打開時的彈性

需滿足條件

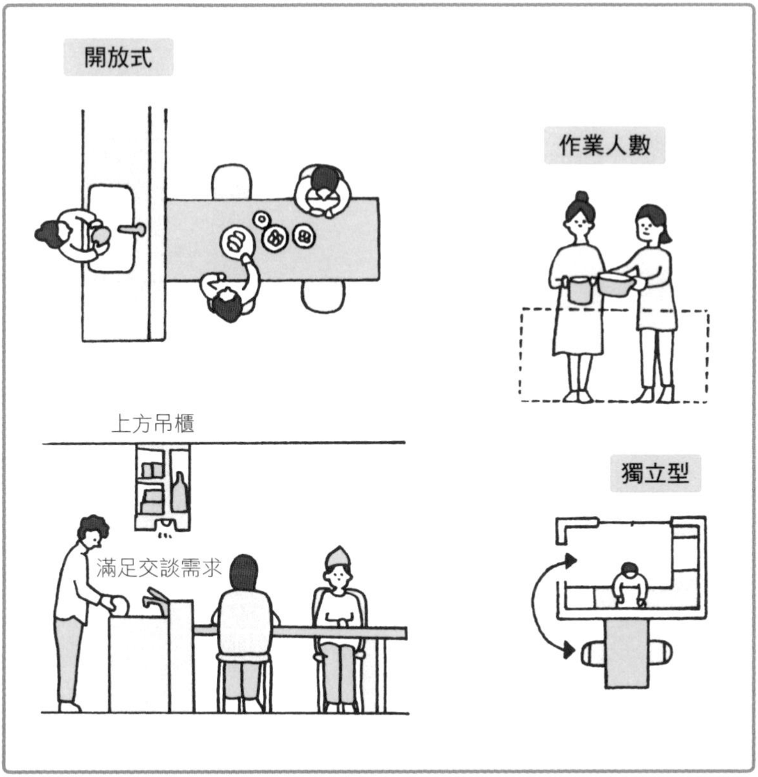


空間，也必須在設計時一併考量。

現在讓我們試著從料理與用餐的順序，來思考一下飯廳與廚房的用餐空間需要滿足哪些必要需求。

家庭人數當然是基本要件，再來，想與客人歡聚用餐的家庭，則要再加上客人的人數。以兩個人來說，肩寬是400，再加上用餐時的動作空間，大約是300。請試著拿起刀叉，實際演練一下用餐時的動作，感受一下空間的尺度需求。

一張四人用的餐桌，大概要長1500、寬800左右才行吧。

「PLAN 1～3」的

## 「廚房」相關空間片語

**PLAN 4**

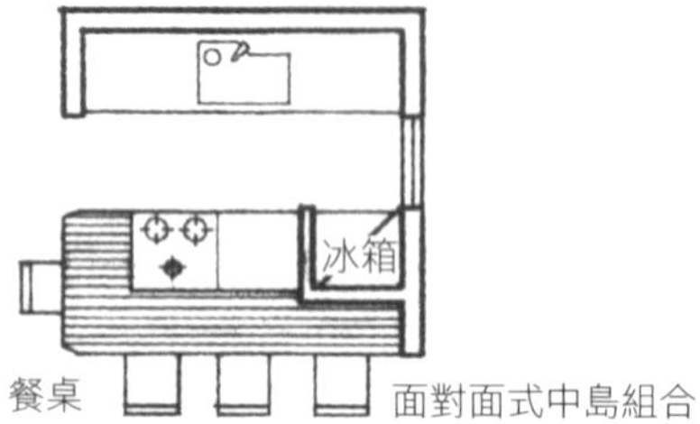


**PLAN 1**

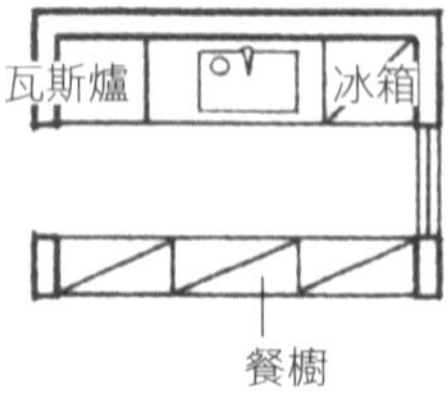


**PLAN 2**

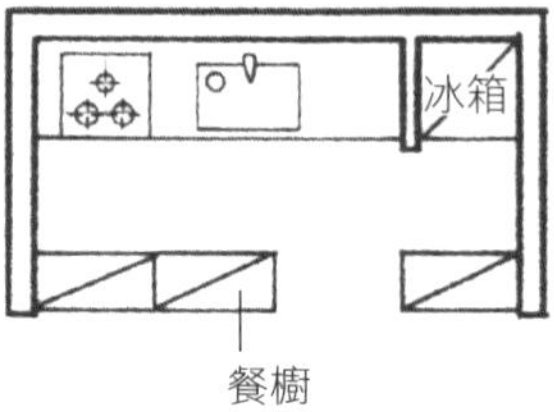


**PLAN 5**

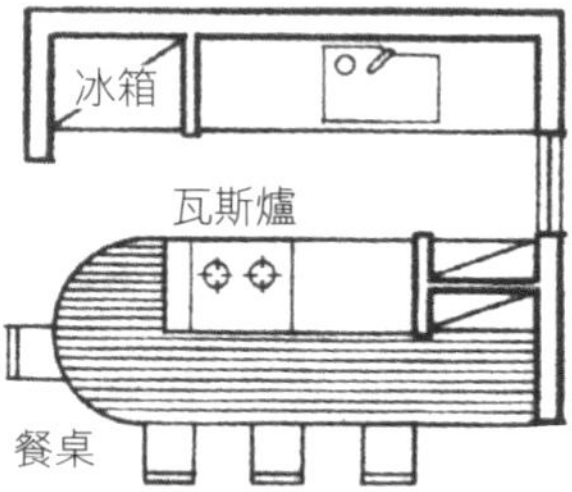


**PLAN 3**

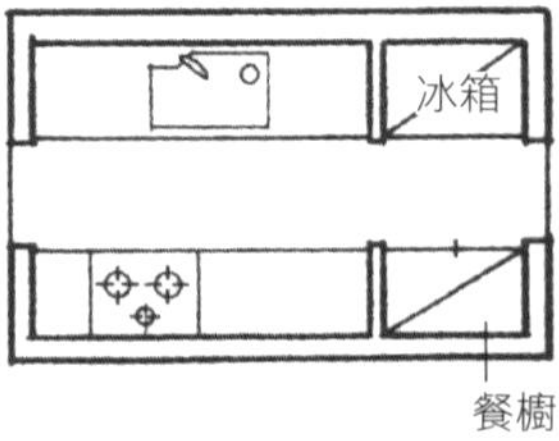


S = 1：100

## PLAN 5 透視圖

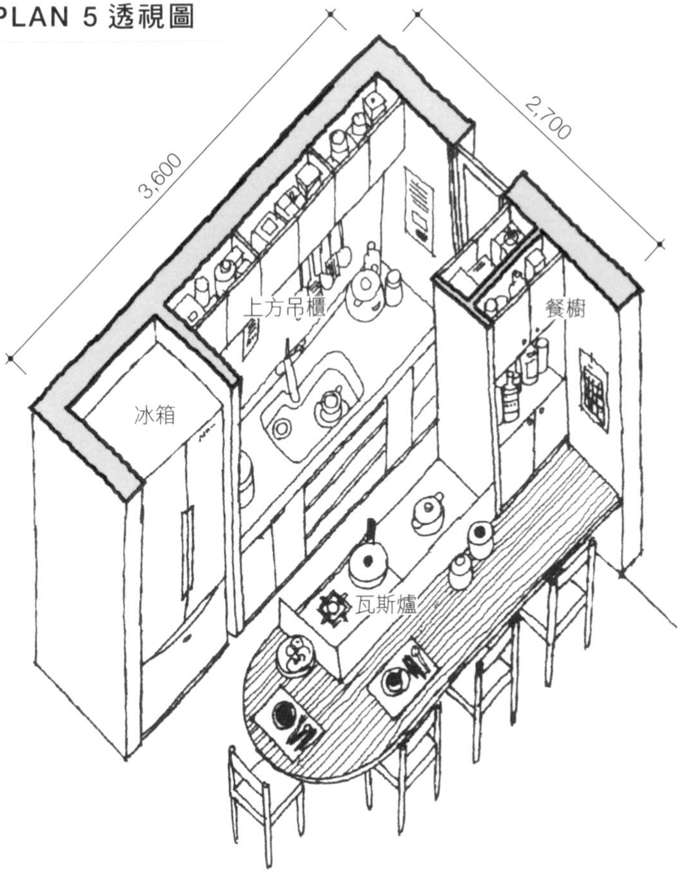


廚房比較接近獨立封閉型，「PLAN 4～5」則屬於比較開放式的中島廚房。不擅長整理的人可以選擇「獨立型」，擅長收納的人則可選擇「開放式」，做為選擇廚房類型時的依據。

開放式廚房與飯廳的好處還有比較省空間、從料理到用餐的動作過程也比較流暢等優點。請繪製像上圖這樣的立體透視，來檢討高度與尺度間的關係。

## 04 如何設計濕式空間？

浴室、廁所、洗臉、洗衣的地方為了方便給、排水，時常會將給、排水管線集中配置。這些地方，統稱為「濕式」空間。

濕式空間裡首先必備的是浴缸。浴缸大概可分成日式與西式。廁所現在一般都安裝免治馬桶，造型也很簡便、不占空間。洗臉臺如果是一整套包括洗臉盆在內的設備，就可以兼當成女性的化妝臺，也可以提供沐浴後稍微休憩的空間。

各種濕式空間裡，空間大小最容易受到人的行為動作影響

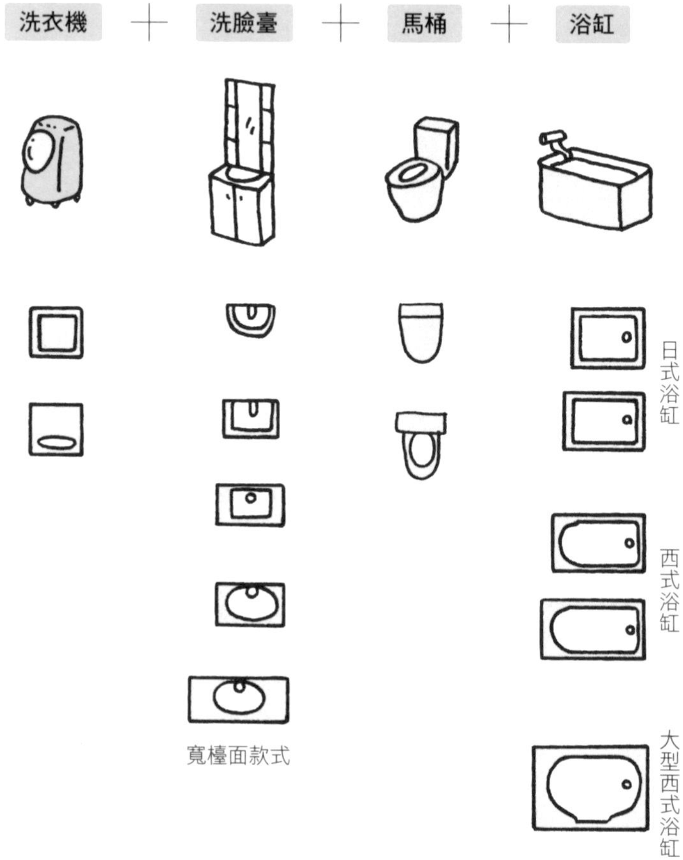

的應該就是浴室了吧。大家對浴缸的各種訴求，不管是希望能在浴缸裡伸展雙腿或是想要按摩浴缸等等，除了是出於潔淨身體的期望，也是希望能在浴缸裡紓緩疲憊。另外，全家人如果一起泡澡的話可以讓關係更緊密，所以浴室空間的大小，也會因為洗澡人數的不同而產生很大差異。

住宅的濕式空間，有像飯店的系統化衛浴那樣，把浴室、廁所、洗手臺結合在一起的獨立式衛浴，也有把廁所另外獨立出來的類型，設計時，請依照每個家庭的結構與喜好不同去設計。

我試著想了幾種不同的濕式

**需滿足條件**

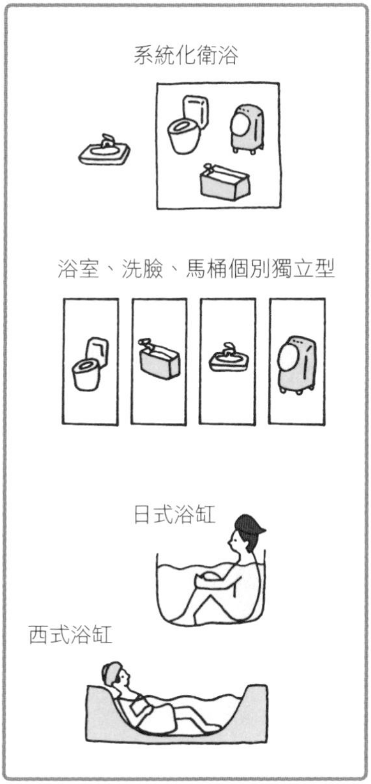


**動作與行為**

04

## 「濕式空間」相關空間片語

PLAN 1

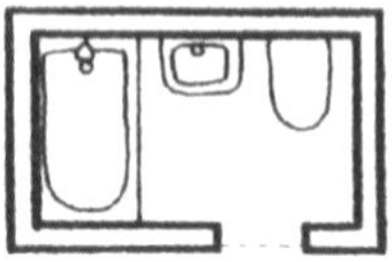

PLAN 2

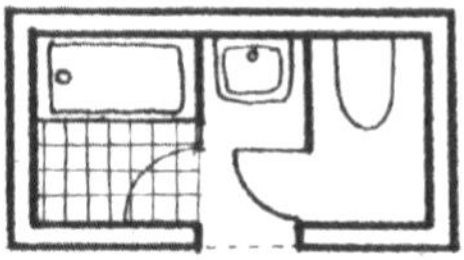

PLAN 3

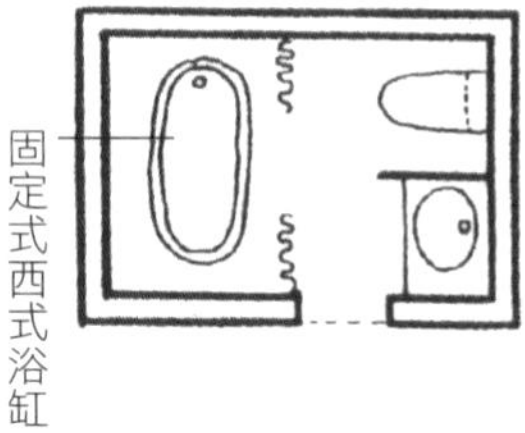


PLAN 4

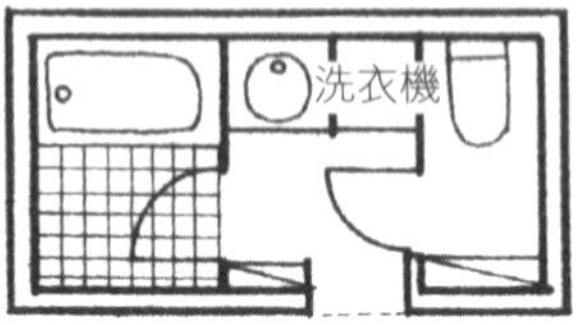


PLAN 5

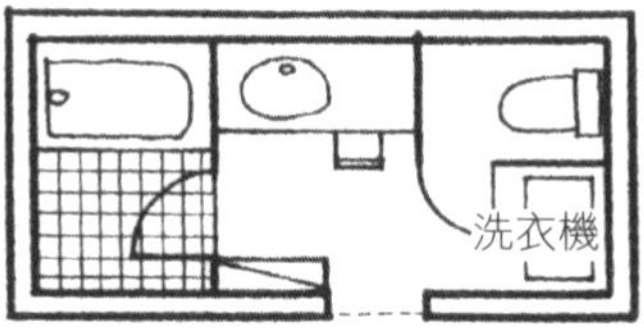


S = 1：100

## PLAN 4 透視圖

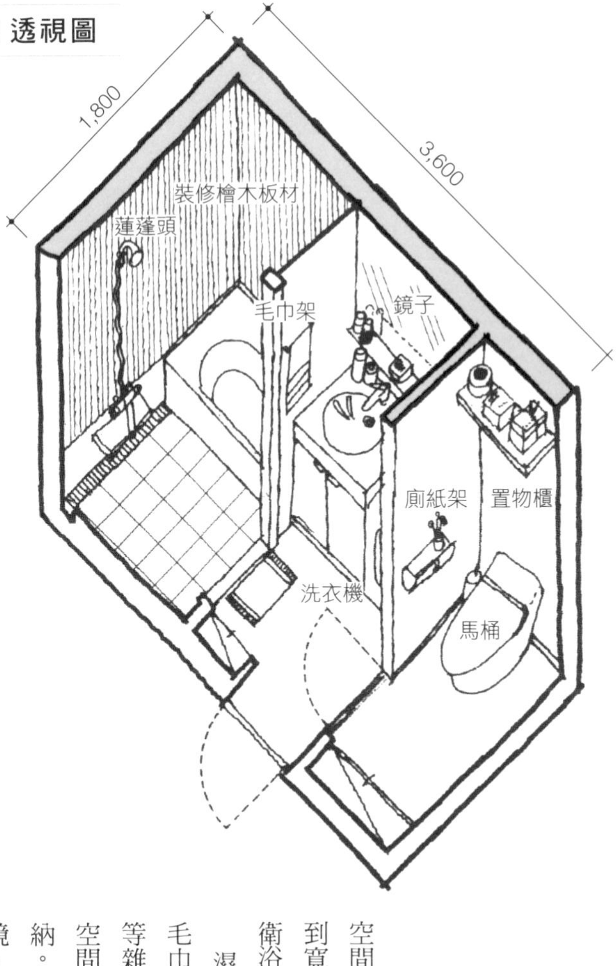


空間，從狹窄的系統化衛浴，到寬敞的包括了化妝洗臉台的衛浴。

濕式空間也是家庭裡頭擺放毛巾、廁所衛生紙、洗衣精等等雜物的地方，為了避免浪費空間，上方也要想辦法拿來收納。牆壁上要設置毛巾架、壁鏡、置物架等，也要考慮到浴室牆壁的裝修材要如何處理，這些都請從立體面向上去思考。

# 如何設計兒童房？

兒童房被認為是家庭裡費了最多心思，卻是使用期間最短的一種房間。因為小孩子從需要一個念書空間以準備考試，到長大後離家上大學或上班為止的這段期間，其實只有五到十年而已。明明為了孩子的將來費心準備了一個那麼好的房間，卻在十年後變成雜物間，實在是很可惜。

所以有些人覺得兒童房只要維持最小需求就好了，但也有些人認為兒童房是孩子念書的空間，應該要給他們一個安靜的環境，而不管是哪一種看法，

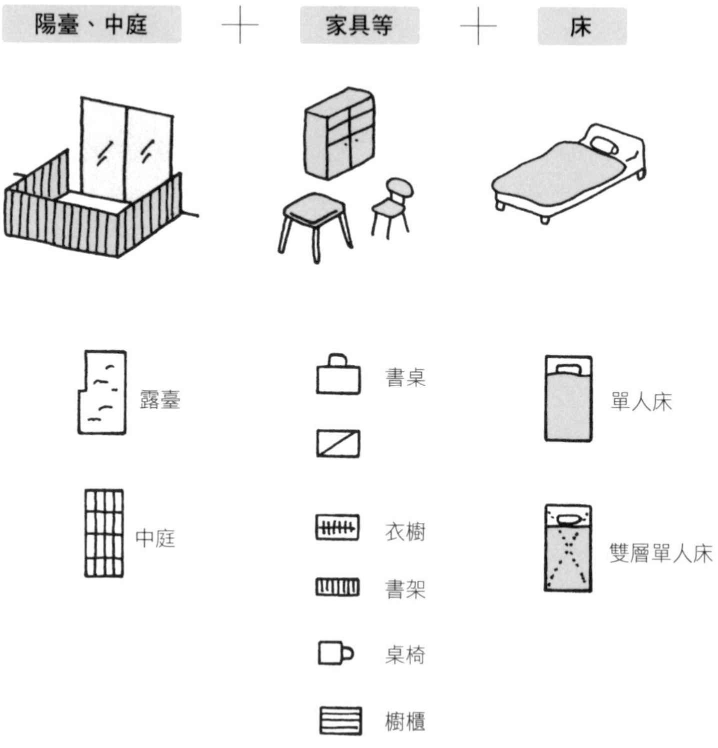

兒童在自己房間度過的時光應該與他們的人格養成有很大的關係，因此不是一個可以隨便忽略的空間。

要給孩子完全獨立的單人房？還是讓兄弟姊妹兩個人共用一房？這要看每個家庭的想法來決定。孩子除了念書與睡覺以外，興趣、遊戲也很重要，而親近小動物與植物的過程中培育出來的情感教育，對於幼小時期的人格養成也有很大的影響，這點我們絕不能忘記。兒童房提供的生活機能主要是「學習」及「睡眠」，所以空間不用很大，不過若有足夠空間可以讓小孩做點簡單的運動放鬆身心，或許也不錯。

**需滿足條件**

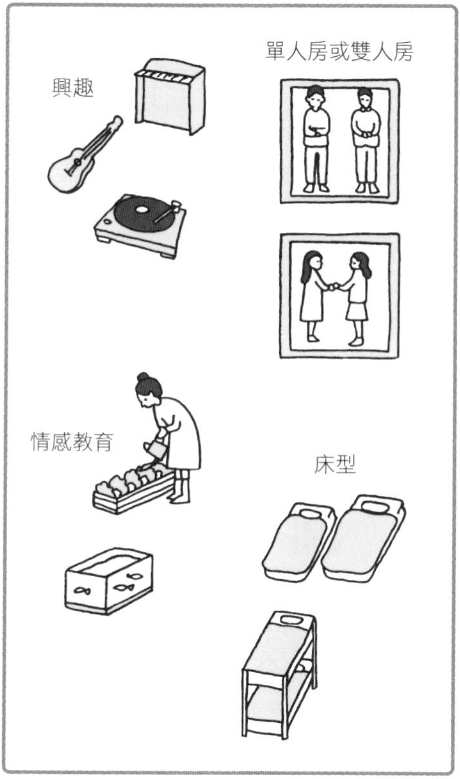


**動作與行為**

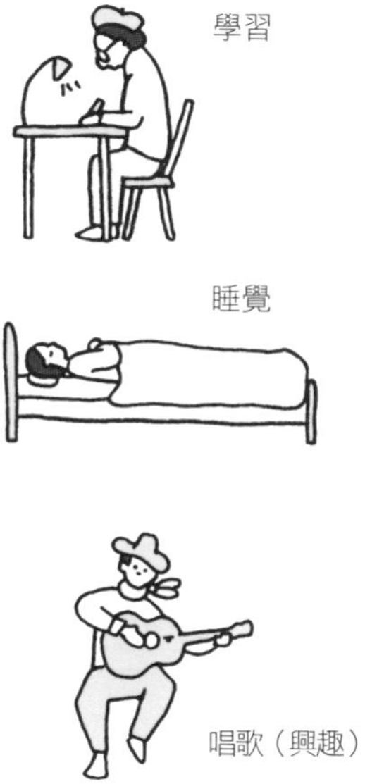

# 「兒童房」相關空間片語

PLAN 4

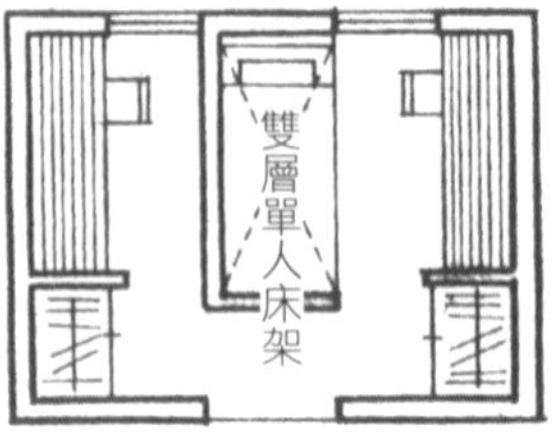


PLAN 1

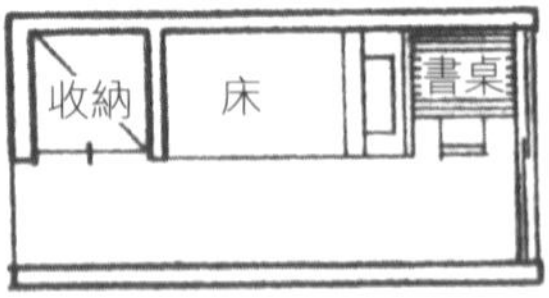


PLAN 5

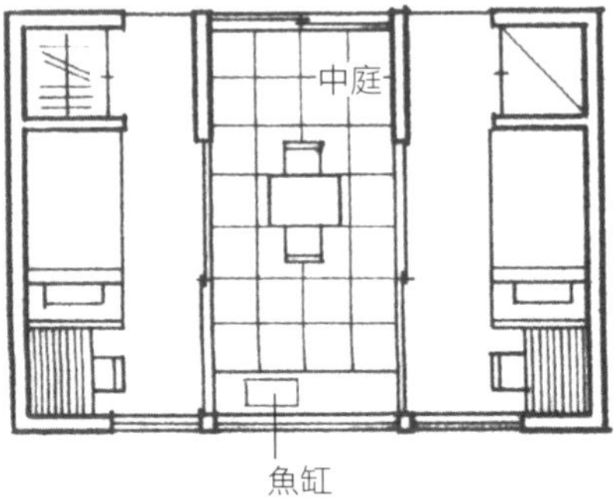


PLAN 2

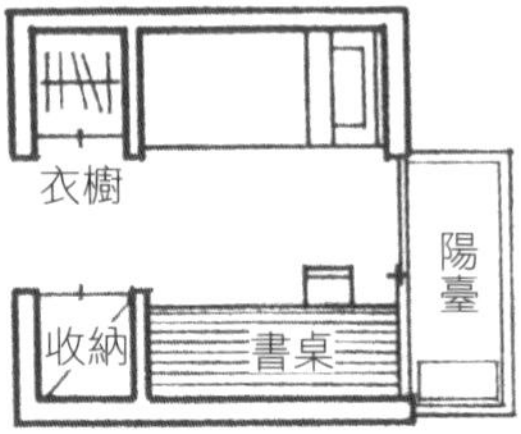


PLAN 3

S = 1：100

## PLAN 5 透視圖

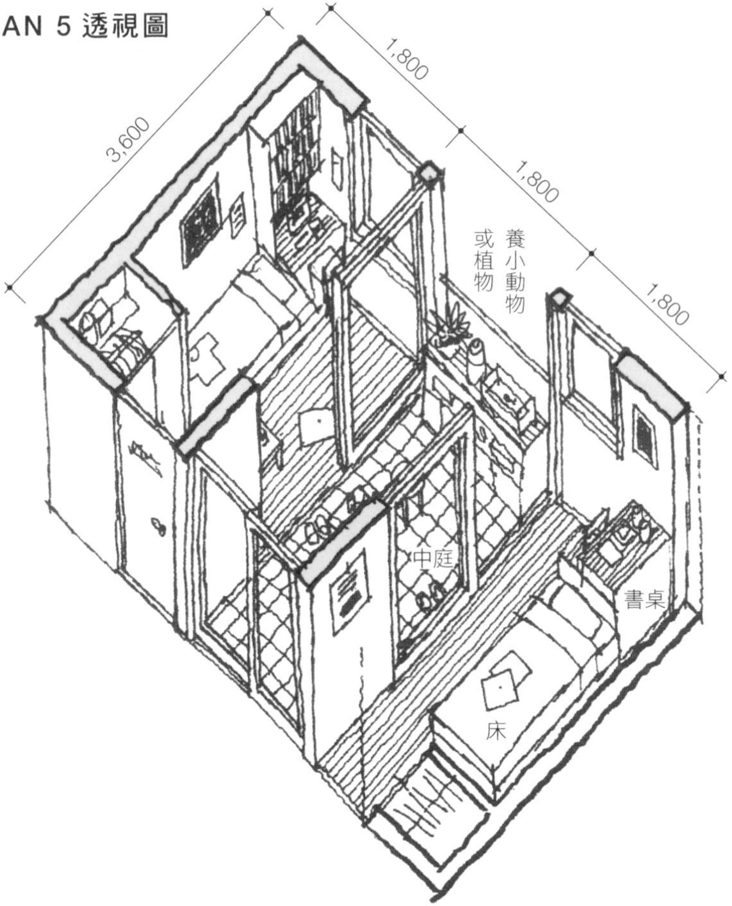


我在「PLAN 1」中刻意把兒童房做小一點，讓整個空間感覺起來像是待在一個很愜意的餐桌前或客廳裡。「PLAN 2～3」則是尊重孩子個人隱私的完全獨立房型。如果有兩個孩子，可以把床並排或像「PLAN 4」這樣，設置上下鋪的雙層單人床架。

「PLAN 5」則是在兩個房間之間配置了中庭的提案。這個中庭是兩個手足互動的空間，也是他們運動、養小動物、植物等等，培養起豐富的情緒感受的空間。

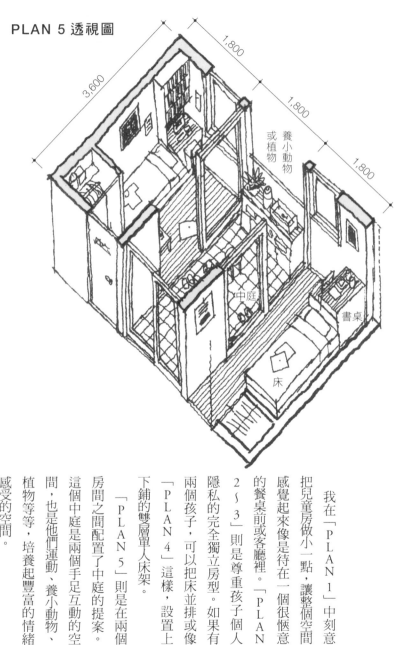

# 如何設計臥室？

「臥室」是對隱私性要求最高的一種空間，通常會被配置在房子最裡頭的地方或是樓上，因為需要離外頭馬路遠一點、車聲少一點、安靜一點的區域。

很多人是把棉被鋪在和室房裡睡覺，這樣的房間會同時充作好幾種用途，但我們現在先只談擺放床架的西式臥室。夫妻倆人的臥室裡所需要的家具有床架、衣櫥與梳妝臺，如果還有空間的話，擺張書桌或睡前喝點小酒用的小桌椅可能也不錯。床型的選擇從單人床、小型雙人床、加大雙人床到特

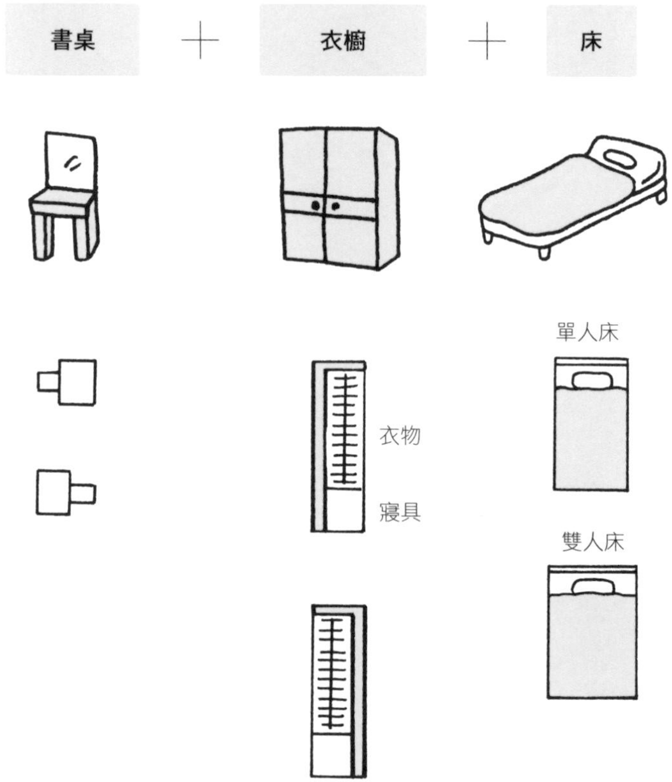

大雙人床等，要看房間的大小來決定，需要睡大一點的床、睡得沉一點的人，可能就會需要一張小型雙人床或者特大雙人床吧。

除了睡眠之外，臥室也是更衣的場所。基本上，決定臥室空間大小的除了有床架大小與數量、穿脫衣物、整理床鋪這些主要動作所需要的空間之外，也有不少人因為睡前習慣喝點小酒，而需要一套小桌椅。

「PLAN 5」是空間稍微有點奢侈的版本，我假設夫妻兩人都有工作，為免打擾到彼此的睡眠，而幫他們各自設計了一個獨立式小書房，在那裡可以看點書或打電腦。當然看

夜酌小桌 ＋

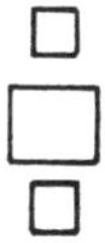

桌子與椅子

桌 ＋

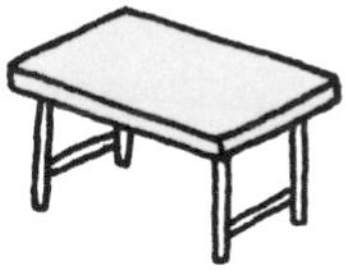

## 「臥室」相關空間片語

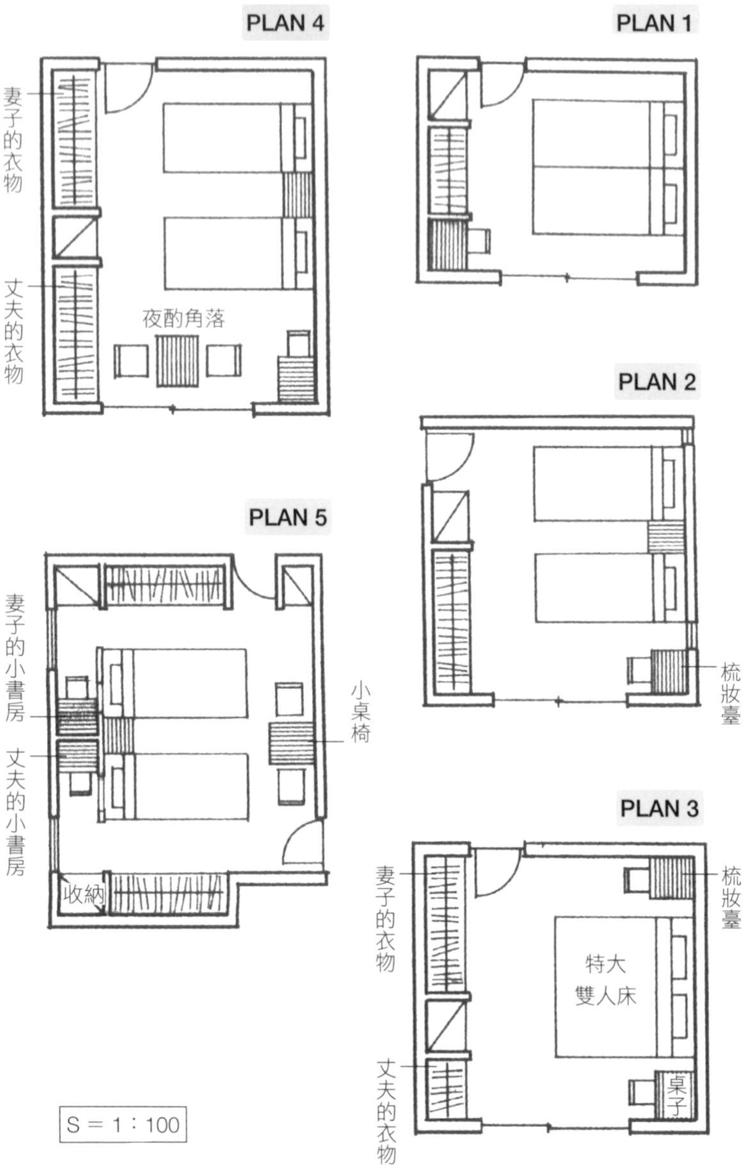
PLAN 4
妻子的衣物
丈夫的衣物
夜酌角落
PLAN 1
PLAN 2
梳妝臺
PLAN 5
妻子的小書房
丈夫的小書房
小桌椅
收納
PLAN 3
妻子的衣物
丈夫的衣物
梳妝臺
特大雙人床
桌子
S ＝ 1：100

PLAN 5 透視圖

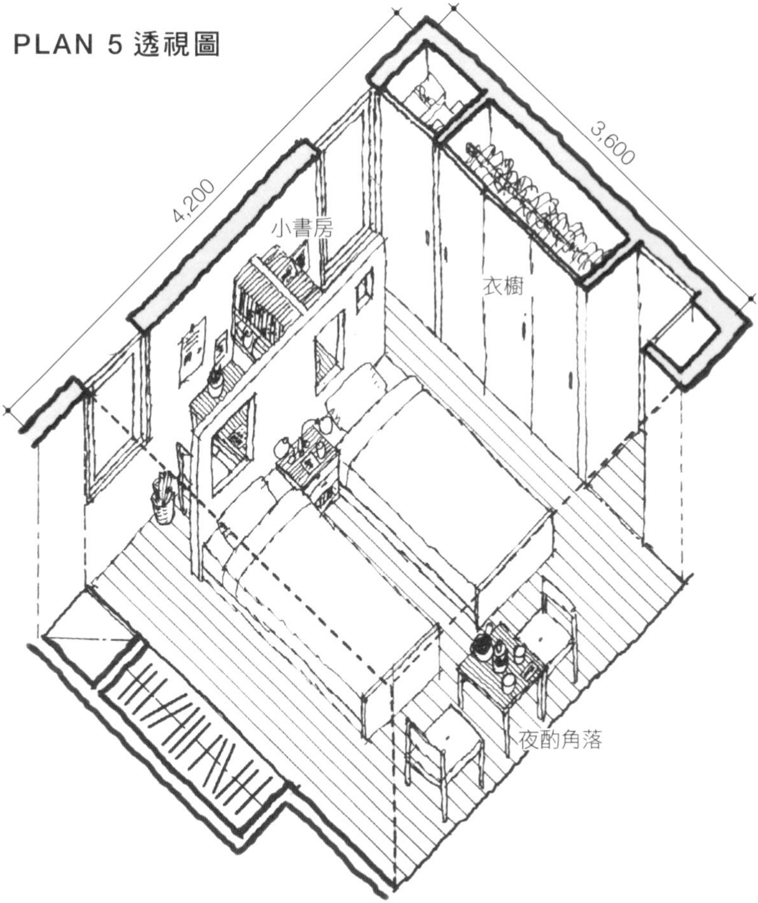


書也可以在床上看，但現在很多人會把電腦帶進寢室了，因為得要檢查電子郵件。旁邊那套小桌椅在夫妻倆人睡前喝點小酒、聊聊天時可以派上用場。

臥室裡也要有足夠擺放衣物與寢具的收納空間。有時候有些人衣服比較多，可能就需要一間獨立的衣帽間（walk-in closet）。

04 07

# 將空間片語搭配成實際平面

現在我們已經一邊思考身體尺，一邊發展出了各種空間類型（空間片語）。不過這樣還不能算是房子，我們要把每個房間依合理性與機能性搭配組合在一起，才能設計出一戶住宅。

現在讓我們來規劃兩戶住宅的平面方案，分成A案與B案。

先從前面的空間單元類型裡，挑出應符合條件的平面選項。

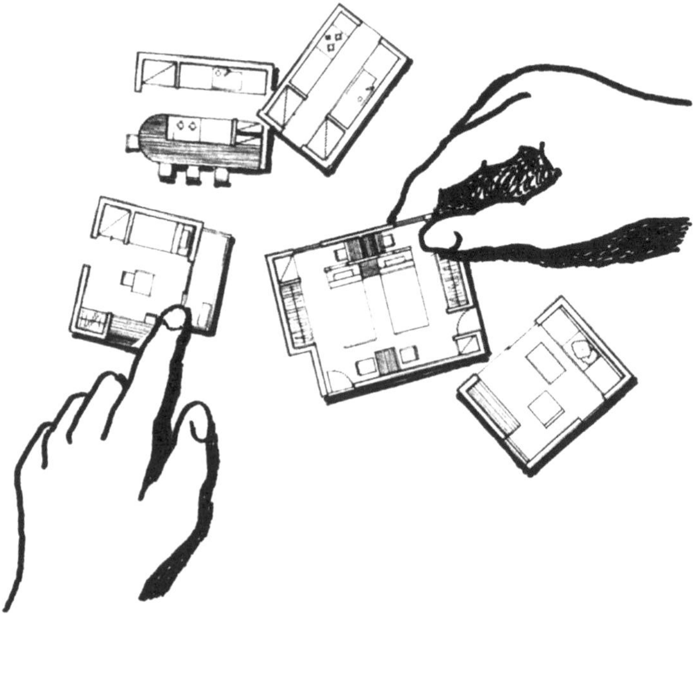

## A案規劃流程

先把入口玄關與停車場配置在A案基地的東南邊，接著把各房間從開放性高到開放性低，一個個擺上去，房間與房間之間要保留空白。

再來，把做為公共空間的「客廳」擺在正中央的留白處，擺好後，把客廳旁邊的房間再稍微調整一下。

剩下來，只要把周邊用玻璃牆連起來，設計一下庭院等等室外空間，一戶住宅平面就大功告成了。

## B案規劃流程

B案的設計手法，是在基地裡規劃一條東西向的細長空間，把各個房間從開放性高的到開放性低的，一個個配置上去。

我們可以在房間與房間之間穿插一點外部空間，提升通風與採光性，這樣住起來就會更舒適。

接著在周邊配置好植栽，檢討一下房間與房間之間的連結關係與角度等等，B案便完成了。

## 臥室（04-06）

PLAN 1

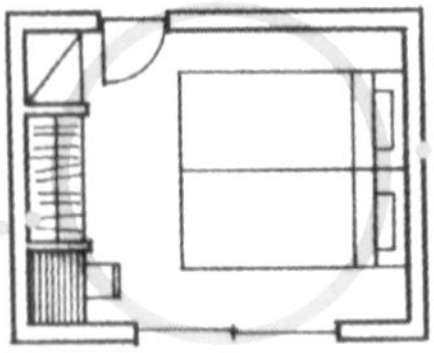

PLAN 2

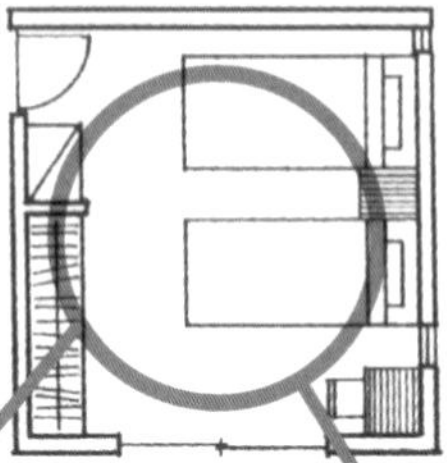

PLAN 3

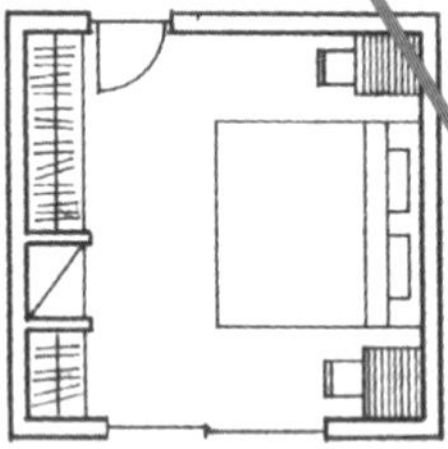

PLAN 4

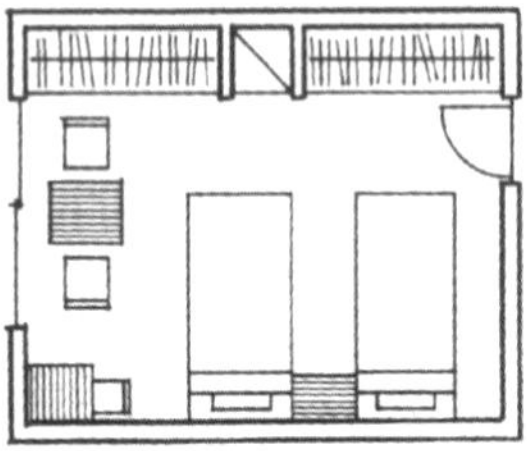

PLAN 5

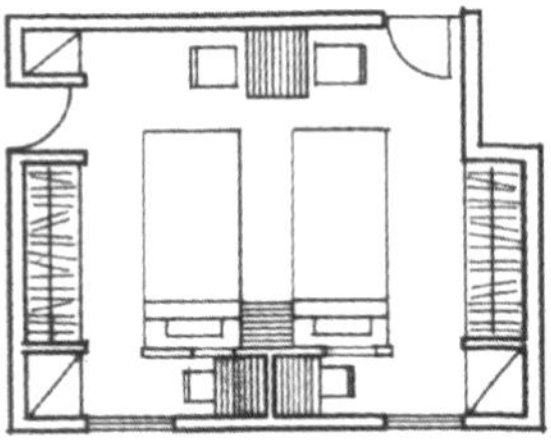

## 兒童房（04-05）

PLAN 1

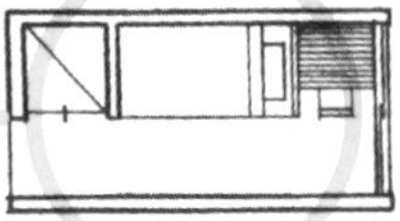

PLAN 2

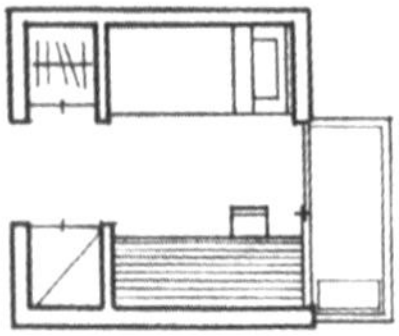

PLAN 3

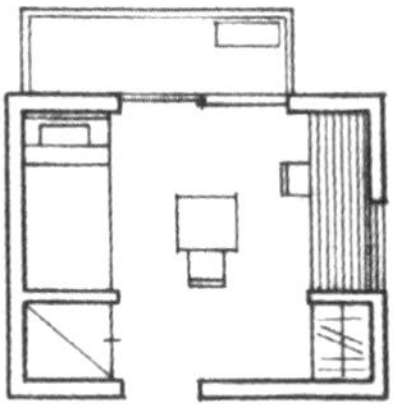

PLAN 4

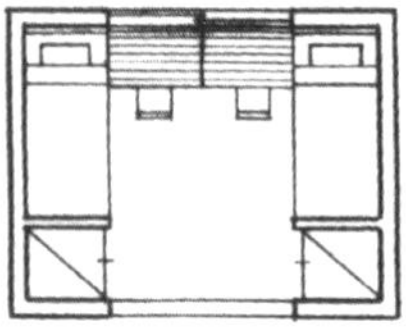

PLAN 5

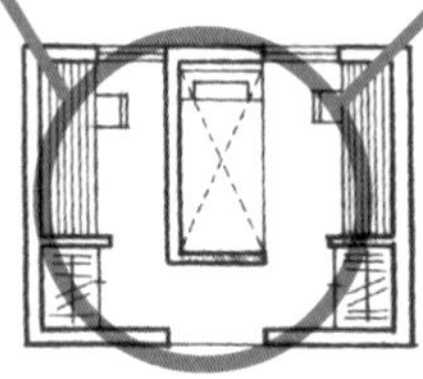

## 濕式空間（04-04）

PLAN 1

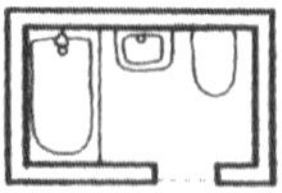

PLAN 2

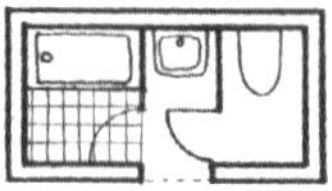

PLAN 3

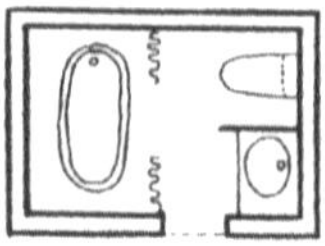

PLAN 4

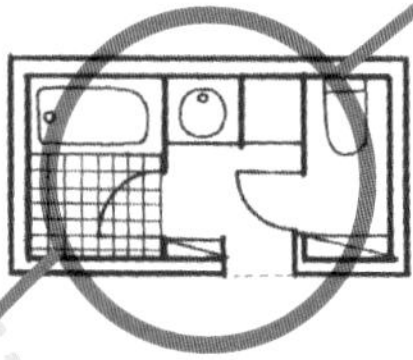

PLAN 5

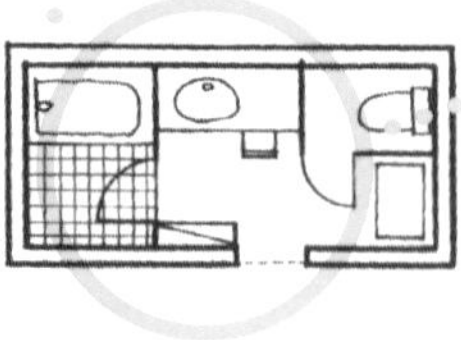

## 廚房（04-03）

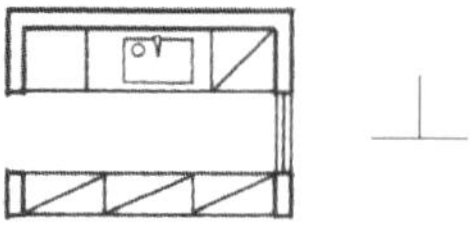

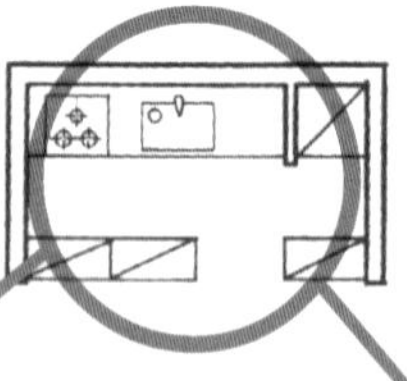

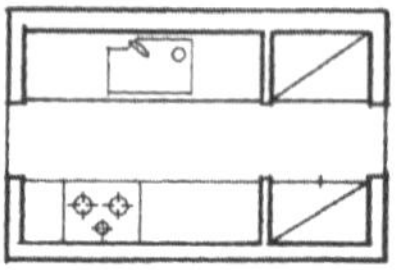

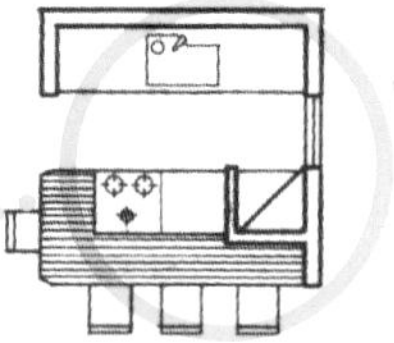

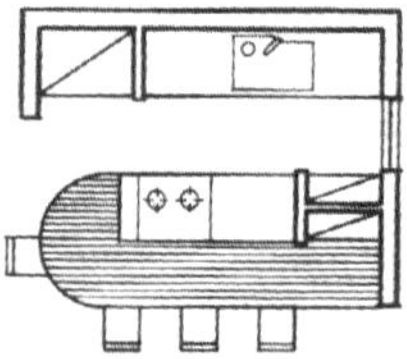

客廳（　）

玄關（　）

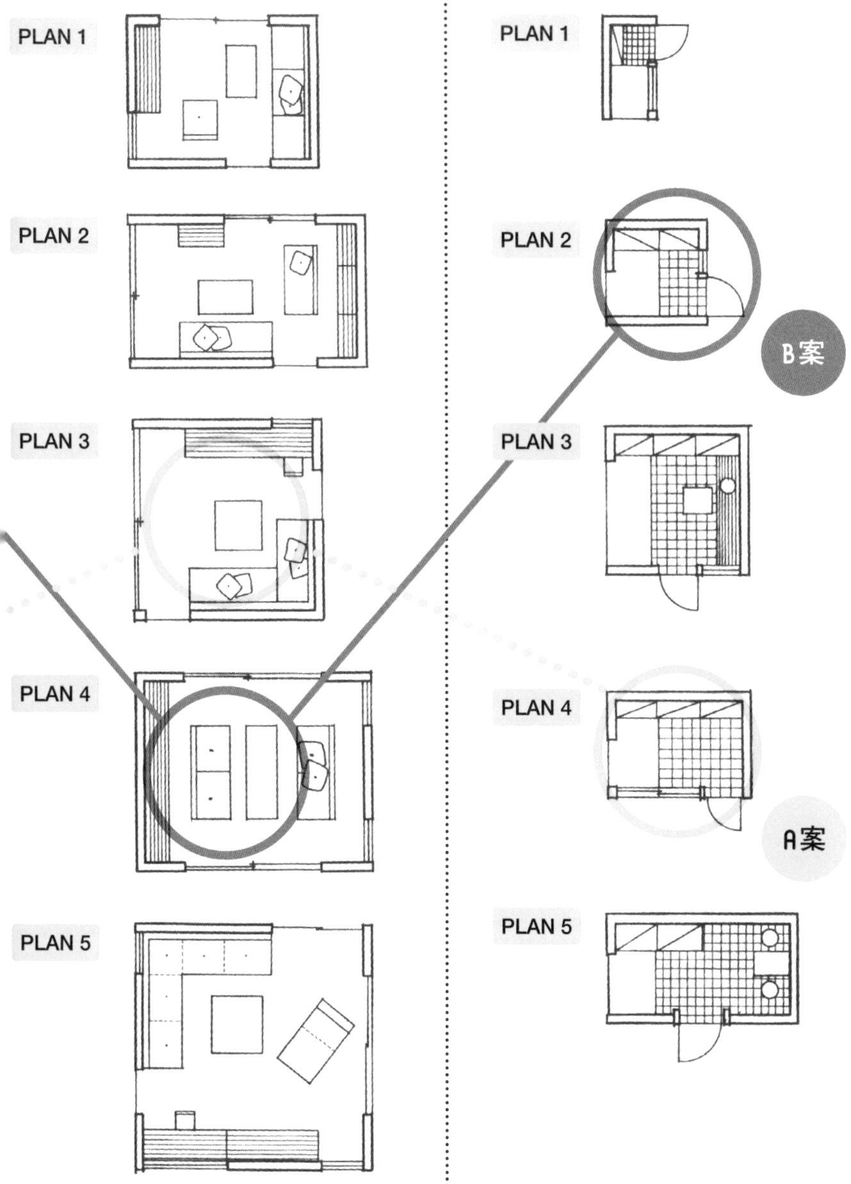
PLAN 1
PLAN 2
PLAN 3
PLAN 4
PLAN 5
PLAN 1
PLAN 2
PLAN 3
PLAN 4
PLAN 5
B案
A案

## 基地圖

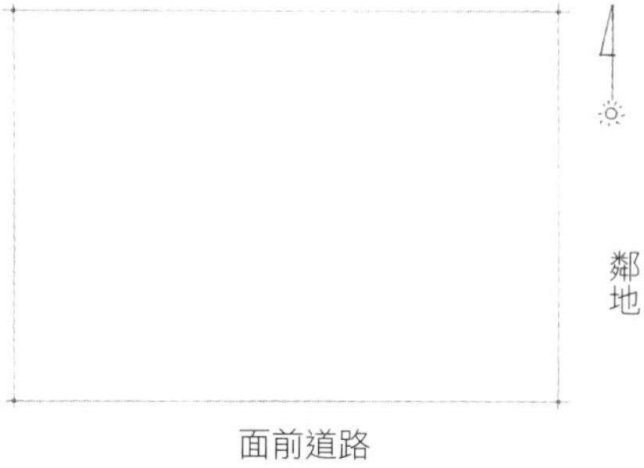


基地條件設定為南側面臨較寬道路。

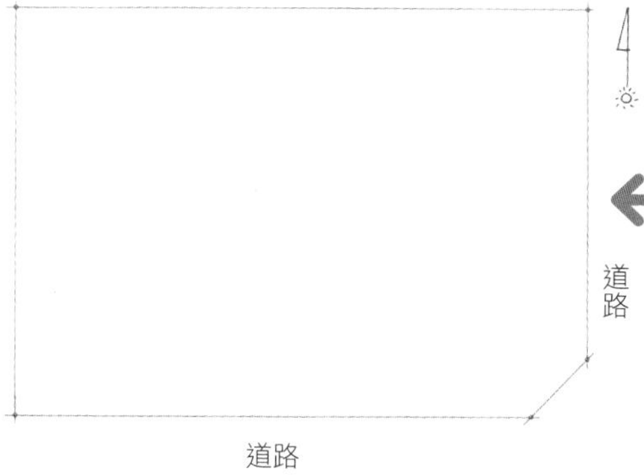


東側與南側皆臨接道路的寬廣基地。

## 各空間選取單元

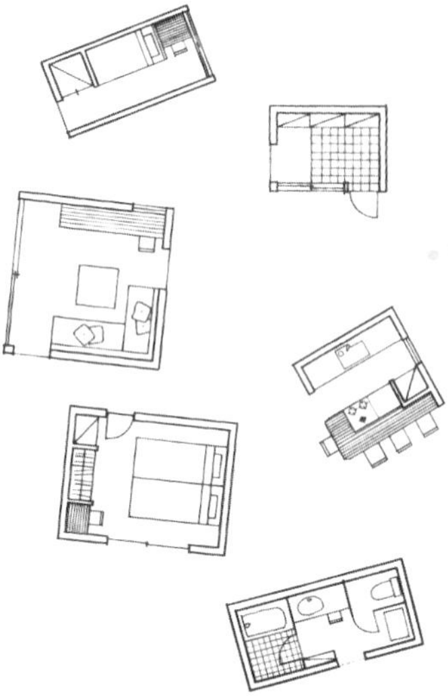

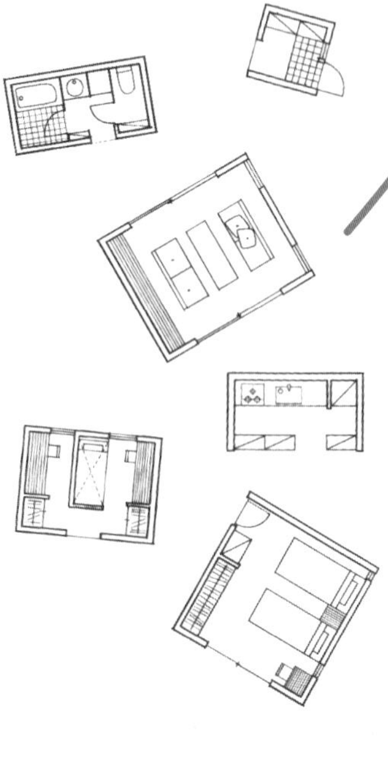

## 決定平面

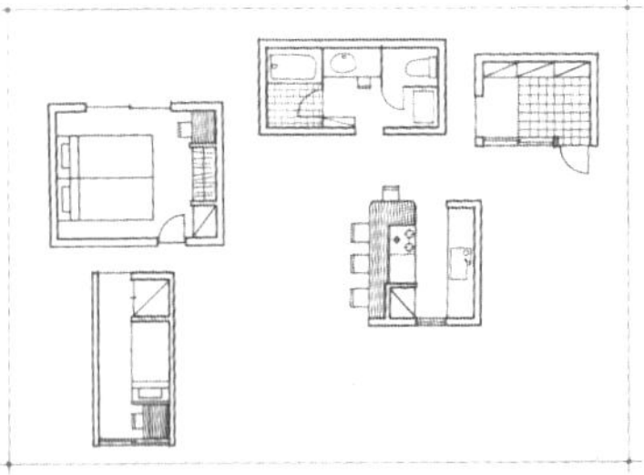

把客廳配置在正中央的留空處，讓其他空間圍繞著客廳，並加以調整。

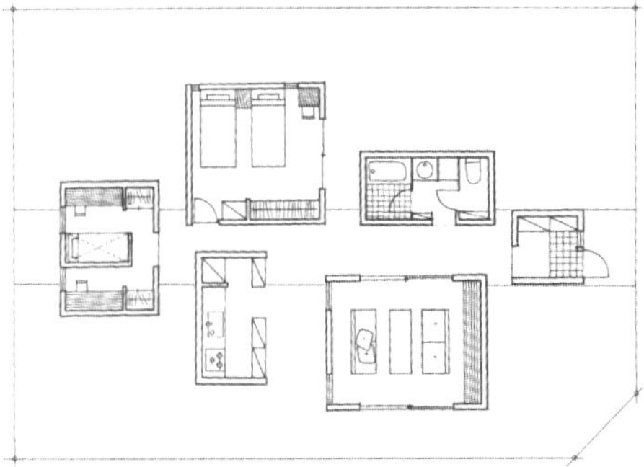

公共空間的南側配置客廳、廚房、飯廳，西側配置兒童房，北邊規劃成濕式空間與臥室。

## 安排平面

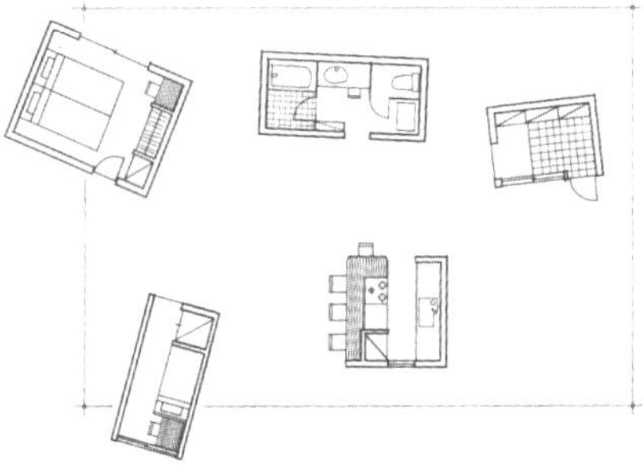

把玄關入口與停車場配置在東南側，房間與房間之間「留空」。

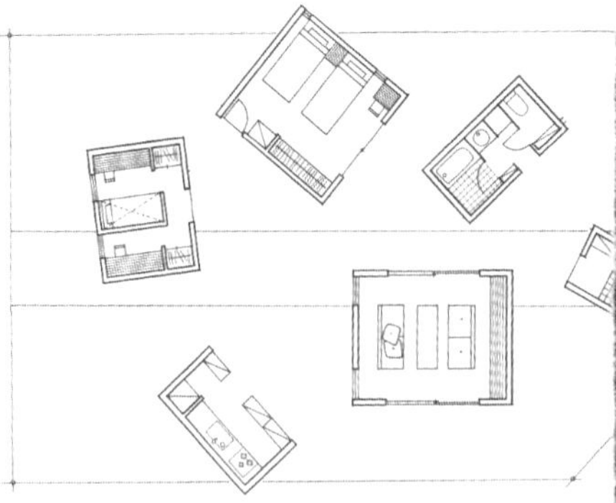

把玄關配置於長條形公共空間的東側，接著把其他房間一個個擺上去。

加上景觀規劃，完成設計

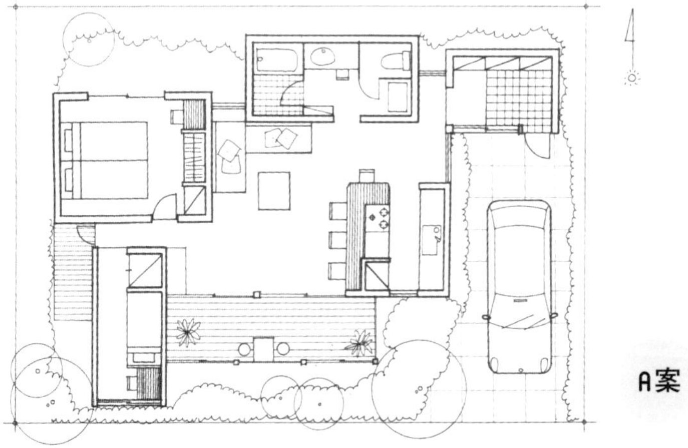

## 大功告成

完成圖

A案 完成圖

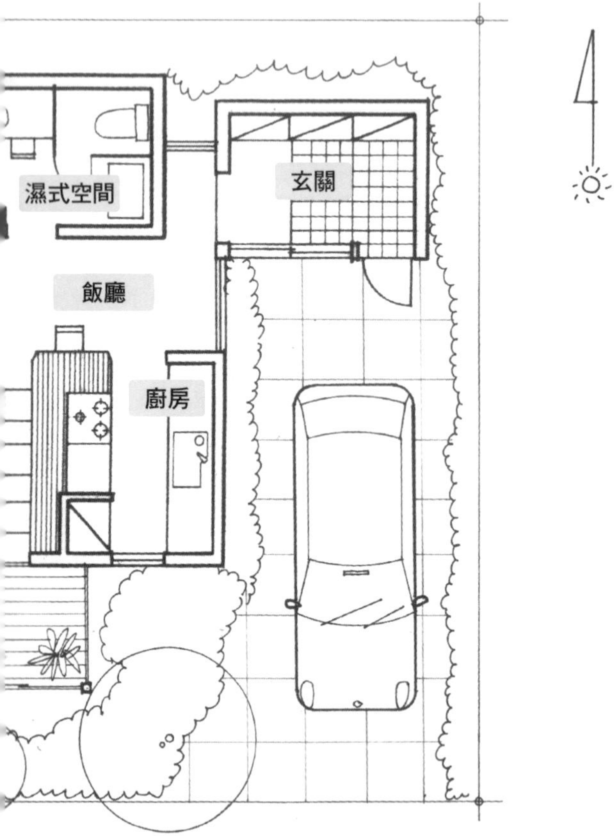


S ＝ 1：100

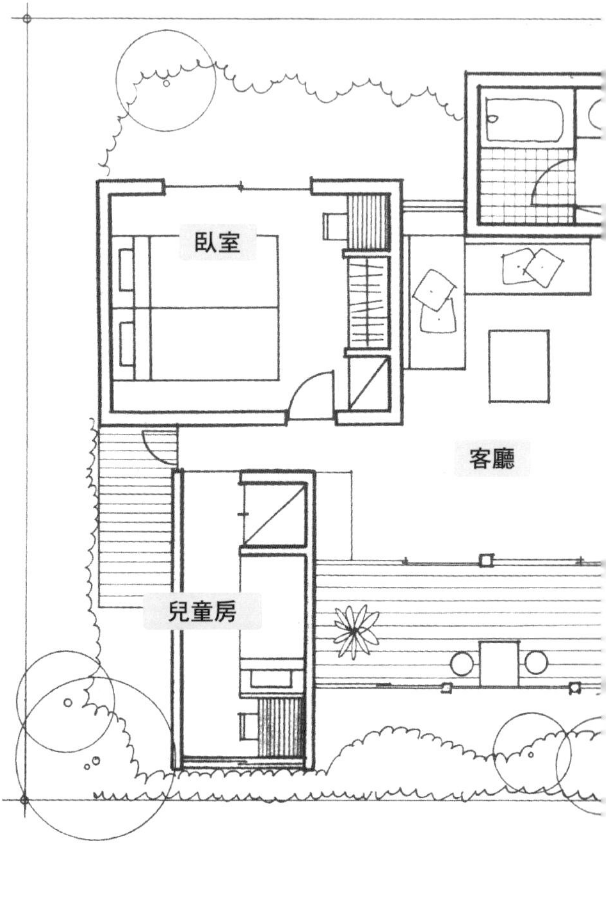
臥室
客廳
兒童房

B案 完成圖

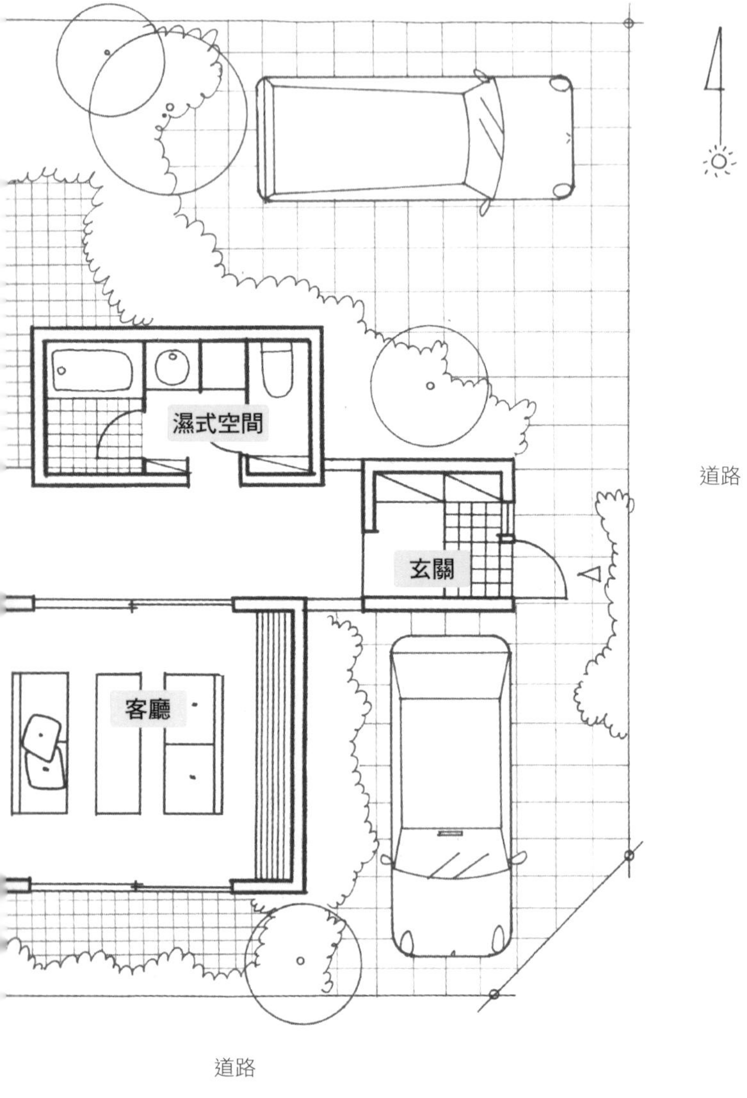


S ＝ 1：100

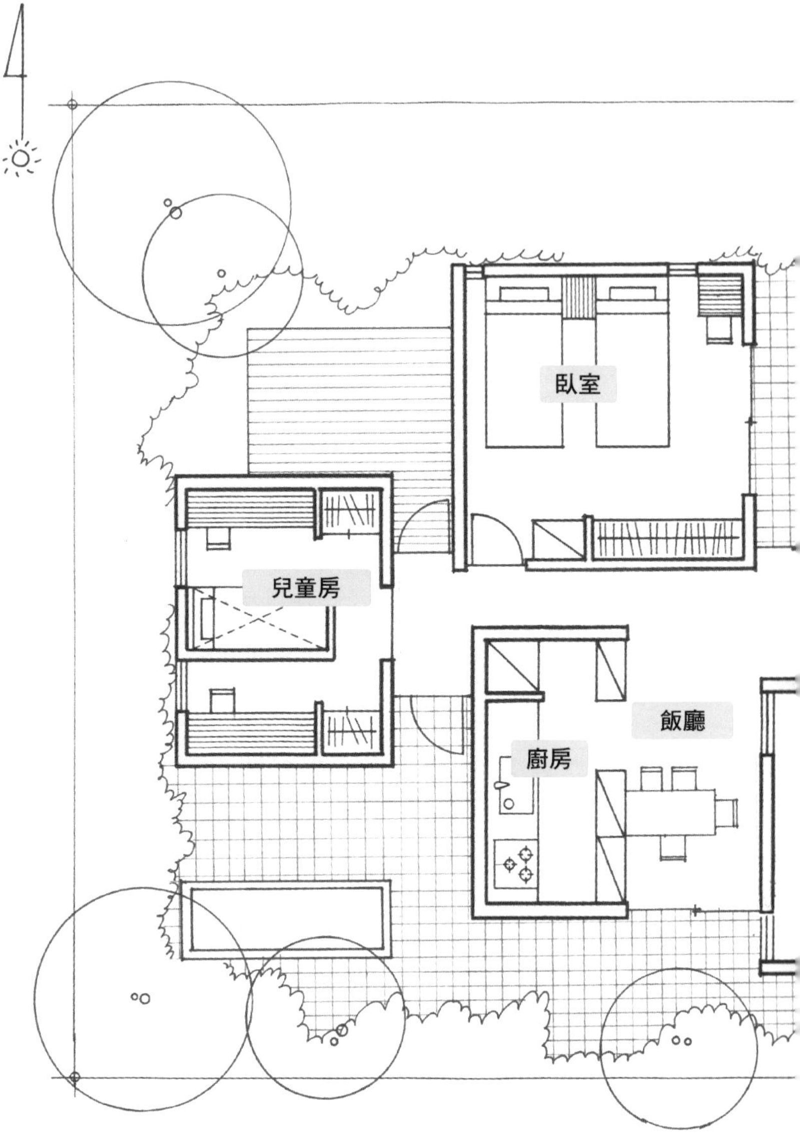

臥室
兒童房
飯廳
廚房

# 附錄　尺度觀念的簡單年表

由身體尺度發展出來的物事

## 原始

### 一般概況

約一萬三千年前
狩獵生活

約一萬年前
製作出繩紋陶器

約5200年前
從大陸傳入稻作

### 日本

弓……武器。工具。為了就算在一段距離外也能捕獲獵物而發展出來，不管比身高長或短都不好用。

一丈（從頭頂到腳底的長度）

陶器……用來儲藏食材、炊煮食物，大小會受家庭人數與結構影響。

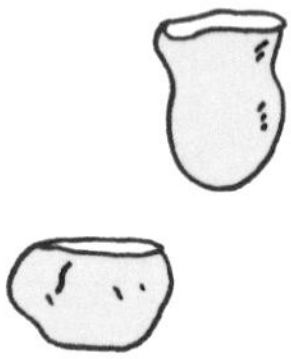

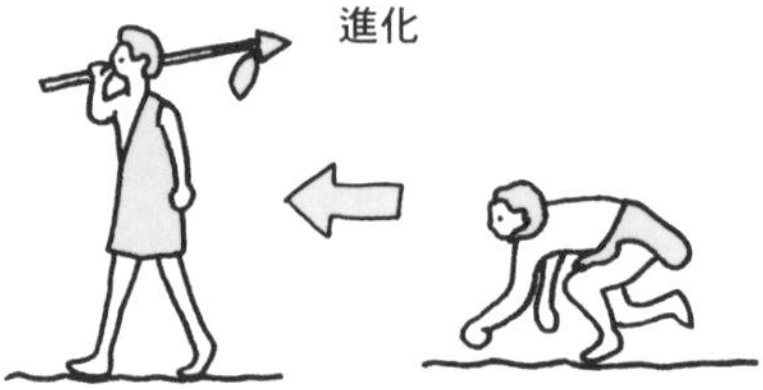


用四肢支撐身體攀爬。

進化到雙腿步行，雙手可自由使用。

用身體來表示大小。

⇐

開始把身體當成測量東西時的工具。

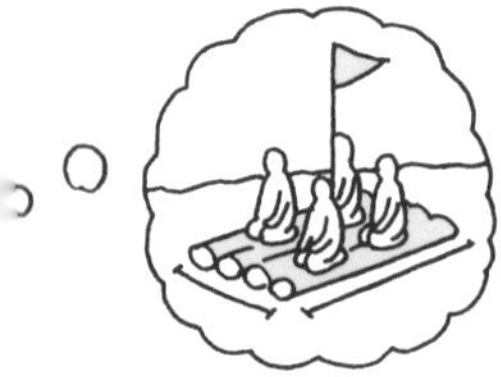

打造出能搭乘四人左右的船。

### 世界各國

金字塔……以單位為一肘的石塊搭建而成，由法老王古夫興建於公元前2600年。

肘（手肘到指尖的長度，cubit，度量衡單位又稱邱比特）

約2300年前 製作出彌生陶器

約2100年前 傳入青銅器

傳入鐵器

538年 自朝鮮半島傳入佛教

[illegible]……最古老的最小木造住居，高度與面積可供人類於其中生活起居。

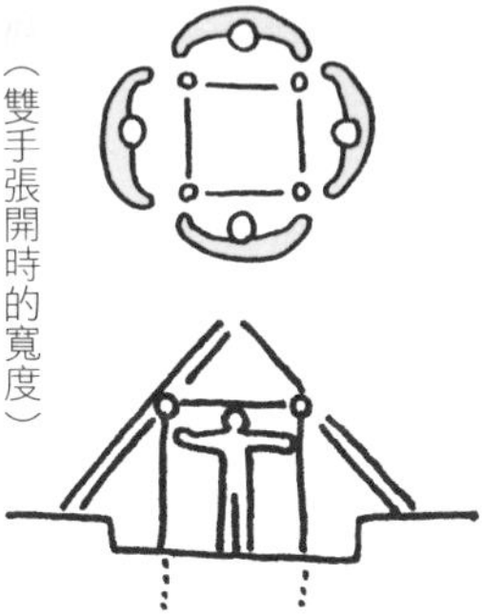

尋（雙手張開時的寬度）

鋤、鍬……農具

古曲尺……日本獨自發展出來的用尺。

從鄰近國家傳入其他用尺。

最好有這麼大的圓木……。

眾人群居時，制定規範便容易管理。

⇓

人體結構幾乎全世界都一樣。

⇓

人體容易被拿來當成基本單位。

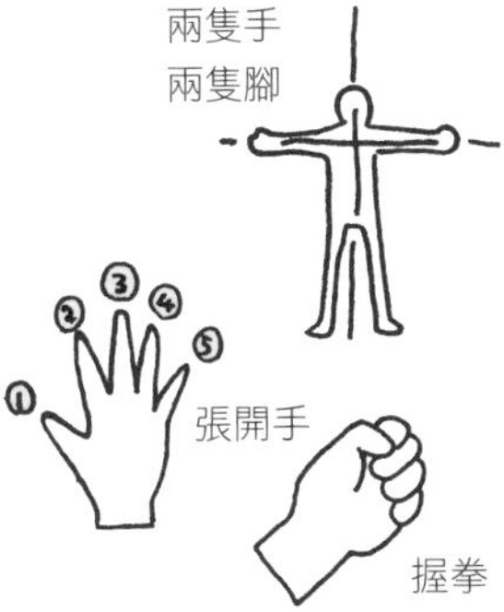


巴特農神殿……興建於公元前438年。組成建築的各元素之間，形成優美的比例關係。

**柱式（古典建築樣式）**

多立克柱式……最古老、最簡樸的柱式，被認為展現出男性的雄壯。

愛奧尼柱式……柱頭的渦卷裝飾極富特色，展現出女性化造型。

科林斯柱式……擷取自地中海植物意象的柱頭造型極富特徵，表現出少女的纖細。

維特魯威的《建築十書》……寫於公元前25年左右，為現存最古老的建築理論書。書中詳細記載人體比例，並提倡「神殿建築應展現出有如人體一般的和諧之美」。

## 由身體尺度發展出來的事物

### 一般概況

**古代**

646年 大化革新

701年 大寶律令

1156～1159年 保元、平治之亂

**中世紀**

1185年 鎌倉幕府成立

### 日本

天平尺……將古代尺與周尺折衷之後的版本。

條坊制（条坊制）……以天平尺為基礎發展而出的都市計畫之區域規劃。

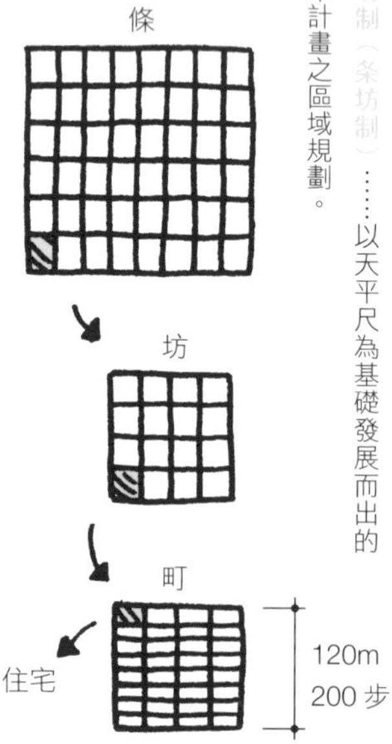


曲尺……約30.3cm

以尺為丈量建築或和服等各種東西的單位（規格化起始）。

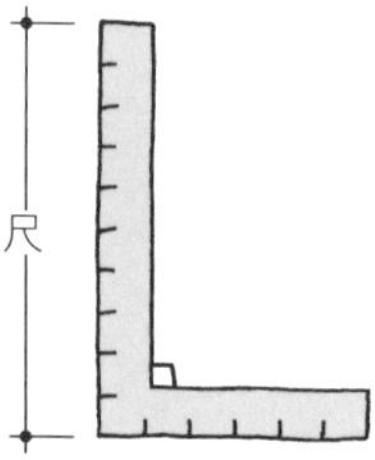


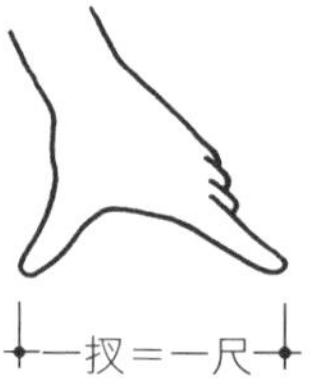


### 世界各國

周尺……中國的尺。

高麗尺……朝鮮的尺。

# 中世紀

1338年
室町幕府成立

1543年
傳入槍械

鯨尺……約37.8cm。和服。等於曲尺一尺二寸五分。用的布料更多，尺寸也比曲尺更長了。

文尺……約24.2cm。分趾襪。等於曲尺八寸。因以一文錢的直徑為測量基準而得名。

鎧尺……約34.8cm。甲冑。等於曲尺一尺一寸五分。為製作容易活動且適合體型的甲冑而發明。

待庵……1492年。僅二張榻榻米的最小茶室。

維特魯威人之人體比例圖……達文西於維特魯威提倡的人體比例觀念上加上自己的觀察，於1485～1490年完成的人體比例圖。

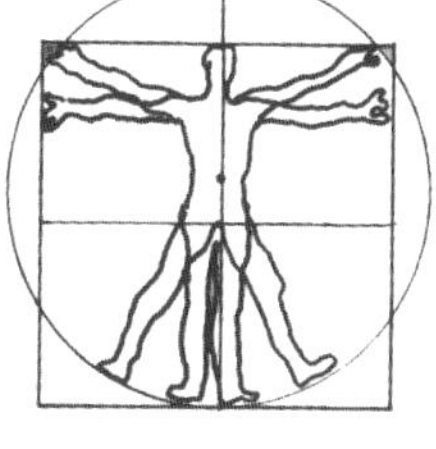

香波爾城堡……1547年。據信達文西參與了這城堡的雙旋樓梯設計，這道雙旋樓梯能讓上下樓的人不用彼此錯身而過。

# 由身體尺度發展出來的事物

## 近代前期

### 一般概況

1549年 基督教傳入日本

1582年 太閤檢地

1590年 豐臣秀吉統一全國

1600年 關原之戰

1603年 江戶幕府成立

1633年 鎖國令

### 日本

升（京升）……制定一合的10倍＝一升。雙手掬起的米量＝一合。單手＝一勺。

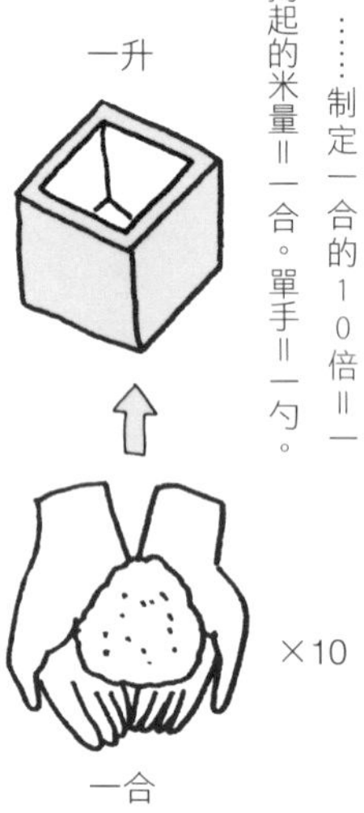


疊……京間＝六尺三寸（疊割）。
江戶間＝六尺（柱割）。

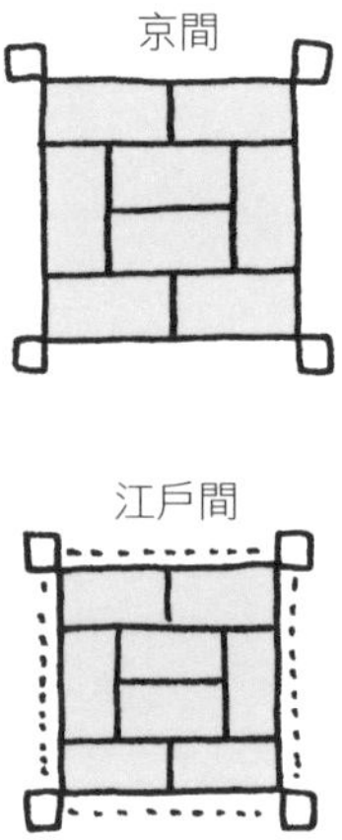


匠明……1608年。由平內正信統整編寫成的現存最古老木造建築的尺寸書籍，將各建築單元依照比例關係，制定出應有的尺寸與組合。以柱寬為基準，載明其他各單元材料應以怎樣的比例去計畫出尺寸與間隔。

### 世界各國

仍在發展中的地區依然慣用身體尺。

臺灣……身體尺是當時唯一的測量尺度。

俾格米人（非洲）……此民族以身矮為特徵，俾格米是指手肘到拳頭的長度。

## 近代前期

1657年
明曆大火

1867年
江戶幕府結束

文明開化
西方文明傳入日本

## 近代

1923年
關東大地震

1939～1945年
第二次世界大戰

……伊能忠敬於1800～1816年行腳日本全國各地，實地測量所繪製出的日本地圖。據說他訓練自己走路時，每一步的步幅都維持在69公分左右。之後他又發明出測量距離用的繩子「間繩」，並用以實測。

文明開化後，歐洲的公制單位與美國的碼、磅單位傳入日本，再加上原本就有的尺貫法，把大家都搞混了。

……1875年。統一度量衡單位，長度統一用曲尺、鯨尺，體積為升，質量為匁（即一錢）。

……1891年。與尺貫法及公制並用。將一尺定義為10／33公尺。

18世紀後半，法國提出公制度量衡。

……柯比意由人體尺寸與黃金比例中發展出來的建築基準尺度體系。在建築工業化與生產效率上導入人體尺度觀念，提升了機能面的發展。

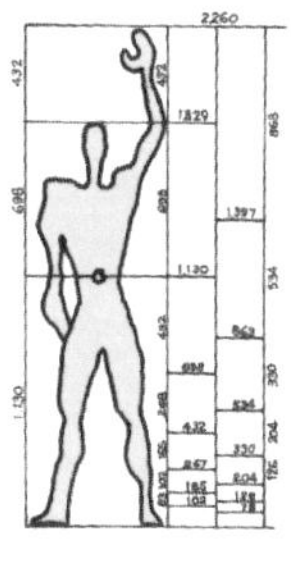

# 現代

## 一般概況

1954～1973年
高度經濟成長

1986～1991年
泡沫經濟

## 日本

戰後，尺貫法逐漸消失。

9坪之家……1952年，由增澤洵設計的最小住宅。平面大小為三間乘三間，此外，從結構到家具全部使用市售材料。

建築材料開始規格化
⇓
預鑄工法普及

51C型……1951年規劃的公營住宅標準設計之一，在約40m²的狹小空間裡實現了餐寢分離的可能性，之後並發展出被稱為「團地間」（五尺六寸）的榻榻米尺寸。

廢除尺貫法（1959年），統一採用公制。

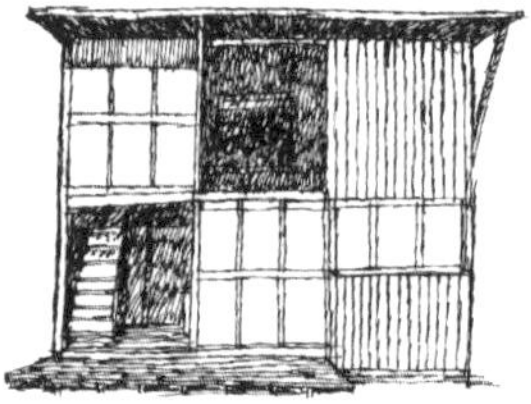

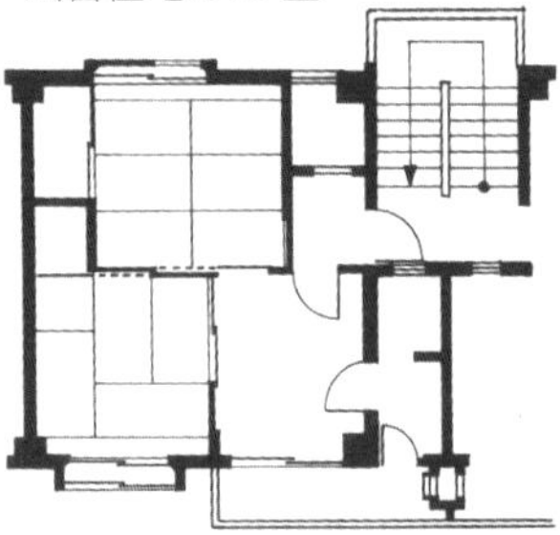

公營住宅 51C 型

## 世界各國

伊姆斯自宅……1949年，以跨距2.3m（柱間距）、深6.1m、高5.2m搭構而成，全部使用現成品，為戰後住宅短缺問題提供了一項新建築可能性。

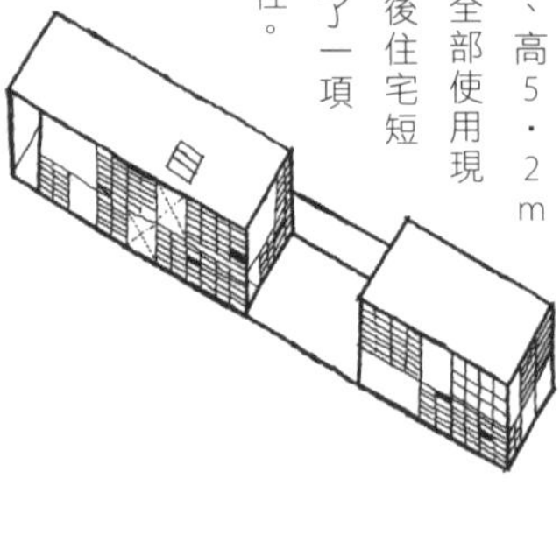

馬丁岬小屋……1957年，柯比意根據模矩概念設計出來的實驗小屋。

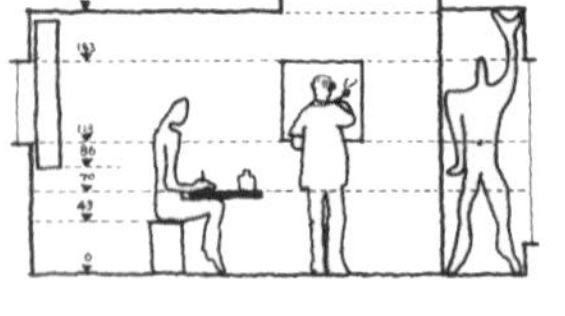

**現代**

1995年～

資訊科技產品有了大幅發展

智慧手機……尺寸上，無論男女老幼皆可單手操作。以5吋左右的為主流。

## 寫於書後

俗話說「住宅是容納人的容器」，人住在房子裡，應該要生活得舒適愉快才可以，所以我們必須知道裝進住宅裡的——也就是人——的身體尺度，否則無法進行設計。就像包裹物品時，你必須先知道裡頭包的東西有多大，才能選擇尺寸合適的箱子。

本書不像資料集成在尺度上寫得那麼細，本書所提到的尺寸，只是一種可能性，最要緊的還是要讀者自己在設計時，以自己的身體尺度為基準，去考量設備與空間的合適尺寸，這樣才不會設計出沒辦法進出的門或是大得跟浴缸一樣的馬桶了。謹期望本書能在大家設計的過程中盡一點綿薄之力，助大家設計出尺度舒適且具機能性的空間。

**中山繁信**

## 作者簡歷

### 中山繁信（Nakayama Shigenobu）

法政大學研究所工學研究科建設工學碩士，曾任職宮脇檀建築研究室、工學院大學伊藤鄭爾研究室，2000 ～ 2001 年間擔任工學院大學建築學科教授，現為 TESS 計畫研究所主持人。著作豐富，有《手繪義大利》《美景中的住宅學》《世界最美住宅設計教科書》《住得優雅》《窗戶設計解剖書》《從剖面詳圖徹底學會住宅設計》等。

### 傳田剛史（Denda Takeshi）

工學院大學畢業後，任職於各川建築研究室、南泰裕 / Atelier Implexe，於 2013 年成立傳田建築事務所。

### 片岡菜苗子（Kataoka Nanako）

日本大學研究所生產工學研究科建築工學專攻畢業，現任職於篠崎健一事務所，合著包括《窗戶設計解剖書》

## 譯者簡介

### 蘇文淑

雪城大學建研所畢，現居京都，專職翻譯。inostoopid @ gmail.com

# 圖解・量身打造的住宅設計

## 以身體為量尺，設計出最人性化的機能型住宅


原文書名　住宅設計のプロが必ず身につける 建築のスケール感
作　　者　中山繁信、傳田剛史、片岡菜苗子
譯　　者　蘇文淑

總 編 輯　王秀婷
責任編輯　廖怡茜
版　　權　張成慧
行銷業務　黃明雪

發 行 人　凃玉雲
出　　版　積木文化
104 台北市民生東路二段 141 號 5 樓
電話：(02) 2500-7696 ｜傳真：(02) 2500-1953
官方部落格：www.cubepress.com.tw
讀者服務信箱：service_cube@hmg.com.tw
發　　行　英屬蓋曼群島商家庭傳媒股份有限公司城邦分公司
台北市民生東路二段 141 號 11 樓
讀者服務專線：(02)25007718-9 ｜ 24 小時傳真專線：(02)25001990-1
服務時間：週一至週五 09:30-12:00、13:30-17:00
郵撥：19863813 ｜戶名：書虫股份有限公司
網站：城邦讀書花園｜網址：www.cite.com.tw
香港發行所 城邦（香港）出版集團有限公司
香港灣仔駱克道 193 號東超商業中心 1 樓
電話：+852-25086231 ｜傳真：+852-25789337
電子信箱：hkcite@biznetvigator.com
馬新發行所 城邦（馬新）出版集團 Cite（M） Sdn Bhd
41, Jalan Radin Anum, Bandar Baru Sri Petaling, 57000 Kuala Lumpur, Malaysia.
電話：(603) 90578822 ｜傳真：(603) 90576622
電子信箱：cite@cite.com.my

國家圖書館出版品預行編目（CIP）資料

圖解・量身打造的住宅設計：以身體為量尺，設計出最人性化的機能型住宅／中山繁信，傳田剛史，片岡菜苗子共著；蘇文淑譯．
-- 初版．-- 臺北市：積木文化出版：家庭傳媒城邦分公司，2020.03
面；　公分
譯自：住宅設計のプロが必ず身につける 建築のスケール感
ISBN 978-986-459-222-7（平裝）

1. 房屋建築 2. 空間設計 3. 室內設計
441.5　　109002547

装幀、版面設計　相馬敬徳（Rafters）
插畫　加納徳博
解說圖（不包含插畫）　由本書作者製作
解說圖製作協力　林 はるか





封面完稿　張倚禎
內頁排版　薛美惠
製版印刷　上晴彩色印刷製版有限公司

2020 年 3 月 24 日　初版一刷
售　價／ NT$480
ISBN 978-986-459-222-7